塑料加工助剂研究

张胜传　著

延吉・延边大学出版社

图书在版编目（CIP）数据

塑料加工助剂研究 / 张胜传著. -- 延吉 : 延边大学出版社，2024. 7. -- ISBN 978-7-230-06821-5

Ⅰ. TQ320.4

中国国家版本馆CIP数据核字第2024YW3621号

塑料加工助剂研究

SULIAO JIAGONG ZHUJI YANJIU

著　　者：张胜传
责任编辑：董　强
封面设计：文合文化
出版发行：延边大学出版社
社　　址：吉林省延吉市公园路977号　　邮　　编：133002
网　　址：http://www.ydcbs.com　　E-mail：ydcbs@ydcbs.com
电　　话：0433-2732435　　传　　真：0433-2732434
印　　刷：三河市嵩川印刷有限公司
开　　本：710mm×1000mm　1/16
印　　张：10.25
字　　数：150 千字
版　　次：2024 年 7 月 第 1 版
印　　次：2024 年 7 月 第 1 次印刷
书　　号：ISBN 978-7-230-06821-5

定价：65.00元

前　言

近年来，我国塑料加工行业发展迅速，塑料制品产量不断增加，各种性能优良的新材料不断涌现。在塑料加工过程中，相关人员出于改进塑料加工工艺、使用性能，以及降低成本等目的，通常会加入一些有机物或无机物，这些有机物或无机物被称为塑料助剂，也称塑料添加剂。

按宏观用途分，塑料助剂可以分为功能助剂和加工助剂两大类。现代塑料助剂的概念基本框定在加工助剂方面。塑料加工助剂是塑料加工行业不可缺少的辅助材料，在塑料制品的制造过程中发挥着重要作用。开发与生产塑料加工助剂，附加价值高、利润大。有效应用塑料加工助剂，有利于研发出更多性能优良的塑料产品，满足人们的生产生活需要。因此，塑料加工助剂的开发、生产与应用越来越受到人们的重视。

本书首先对塑料改性进行论述，之后重点介绍了常见的塑料加工助剂。根据助剂功能的不同，本书将塑料加工助剂分为改善力学性能的助剂、稳定化助剂、改善加工性能的助剂及其他功能性助剂，并逐一对这些助剂进行详细分析。本书可供从事塑料材料加工与应用研究的工程技术人员使用。

在编写本书的过程中，笔者参考了大量文献资料，在此对相关文献资料的作者表示感谢。此外，由于笔者时间和精力有限，书中难免存在不足之处，敬请广大读者和各位同行批评、指正。

张胜传

2024 年 4 月

目　　录

第一章　塑料改性

第一节　塑料的共混改性

一、聚合物共混物及其形态结构与界面层

（一）聚合物共混物的概念与类型

聚合物共混物（也称共混聚合物）指的是两种或两种以上分子结构不同的均聚物、共聚物，或均聚物和共聚物的混合物，一般是指塑料与塑料的共混物，以及在塑料中掺混橡胶的共混物。

聚合物共混物按所含聚合物组分数目，分为二元聚合物共混物、多元聚合物共混物；按所含基体树脂的名称，分为 PO（聚烯烃）共混物、PVC（聚氯乙烯）共混物、PA（聚酰胺）共混物等；按性能特征，分为耐高温聚合物共混物、耐低温聚合物共混物、耐燃聚合物共混物、耐老化聚合物共混物等。

（二）聚合物共混物的形态结构

结构决定性能，有什么样的结构就有什么样的性能。因此，对聚合物共混物形态结构的研究具有重要的理论意义和实用价值。搞清形态结构以及相应结构的性能，就可以有针对性地制备具有特定结构的材料。

聚合物按其能否结晶，可以分为两大类：结晶性聚合物和非结晶性聚合物。

后者是在任何条件下都不能结晶的聚合物，而前者是在一定条件下能结晶的聚合物。结晶性聚合物可以处于晶态，也可以处于非晶态。据此，聚合物共混物的形态结构可分为以下三种类型：

1.非结晶性聚合物/非结晶性聚合物共混体系

（1）单相连续结构

其结构特征是：一个组分（往往是树脂基体）是连续相，另一个组分是分散相。连续相也可看作分散介质。分散相的各个小区域称为相畴。根据分散相相畴的形状、大小、内部结构特点，单相连续结构又可分为如下类型：

①分散相形状不规则，呈颗粒状。

②分散相颗粒较规则，一般为球形，颗粒内部不包含或只包含极少量的连续相成分。

③分散相为香肠状（胞状）结构。这种形态结构的特点是：分散相颗粒内包含了由连续相成分构成的更小颗粒。

④分散相为片层状。这种形态指的是分散相呈微片状分散于连续相基体中，当分散相浓度较高时，进一步形成了分散相的片层。

（2）两相互锁或交错结构

其结构特征是：每个组分都有一定的连续性，但都没形成贯穿三维空间的连续相，而且两相相互交错形成层状排列，难以区分连续相和分散相。以嵌段共聚物为主要成分的聚合物共混物易形成此种形态结构。

（3）相互贯穿的两相连续结构

该结构指的是两种组分均构成连续相的形态结构。两组分的相容性越好、交联度越大，其两相结构的相畴就越小。

2.结晶性聚合物/非结晶性聚合物共混体系

结晶性聚合物/非结晶性聚合物共混体系的形态结构，根据结晶性聚合物组分的结晶形态，又可以分为如下类型：

①晶粒分散于非晶介质中。

②球晶分散于非晶介质中。

③非晶态成分分散于球晶中。

④非晶态成分形成较大相畴分散于球晶中。

⑤球晶为连续相，非晶态成分分散于球晶与球晶之间。

⑥球晶被轻度破坏，成为树枝晶并分散于非结晶性聚合物中。

⑦结晶性聚合物未能结晶，形成非结晶性聚合物/非结晶性聚合物共混体系。

⑧非结晶性聚合物产生结晶，转化为结晶性/结晶性聚合物共混体系。

3.结晶性聚合物/结晶性聚合物共混体系

由两种结晶性聚合物制得的共混改性塑料的形态结构，根据其结晶形态，又可以分为如下类型：①非结晶的结晶性聚合物共混物；②分别结晶的聚合物共混物；③形成共晶的聚合物共混物。

（三）聚合物共混物的界面层

两种聚合物共混时，共混体系存在三个区域结构，即两聚合物各自独立的区域，以及两聚合物之间形成的过渡区，这个过渡区称为界面层。界面层的结构与性质反映了共混体系中两聚合物之间的相容程度，影响聚合物共混物的性能。

1.界面层的形成

聚合物共混物界面层的形成可分为两个步骤：第一步是两种聚合物之间相互接触；第二步是两种聚合物大分子链段之间相互扩散。两种聚合物的大分子链段之间相互扩散的速度与大分子的活动性相关。若两种聚合物大分子活动性相近，两种聚合物大分子链段就以相近的速度相互扩散；若两种聚合物大分子活动性相差较大，则发生单向扩散。两种聚合物大分子链段之间相互扩散的过程也就是聚合物共混物界面层形成的过程。

2.界面层厚度与比例

界面层的厚度取决于两种聚合物大分子链段之间相互扩散的程度。而大分子链段之间相互扩散的程度与两种聚合物的相容性、大分子链段的大小、分子量大小及相分离的条件等因素有关，所以，界面层的厚度也就与这些因素有关。如果两种聚合物有一定相容性，就能在合适的工艺条件下进行共混。共混后形成的界面层厚度一般为几纳米至几十纳米。

要使共混改性塑料呈现出优异的性能，就应使其具有最佳的界面层比例。界面层比例的大小与界面层的厚度和两相接触的面积有关，取决于共混改性塑料的热力学因素和动力学因素。热力学因素是指两组分间的相互作用力越大，界面层越厚。动力学因素是指在共混时增大剪切力、剪切速率，进而增加两相间相互分散的程度，减小相畴尺寸，增加接触面积，提高两组分大分子链段之间相互扩散的能力。

3.界面层中两组分间相互作用力

界面层中两组分间的相互作用力有两种基本类型：第一类是两组分间通过化学键连接；第二类是两组分间仅靠次价力（如范德华力、氢键）结合。根据润湿一接触理论，两组分间结合强度主要取决于界面张力。界面张力越小，结合强度越高。界面张力与温度有关。根据扩散理论，界面层中两组分间的结合强度主要取决于聚合物的相容性。聚合物的相容性越好，两组分间结合强度越高。这两种理论之间存在内在联系。

相容性差的聚合物共混物，不仅界面层厚度较小，组分间的结合强度也较低，聚合物共混物的性能也比较差，尤其是力学性能会低于纯基体树脂。相关人员可采用增容技术增加界面层的厚度，提高组分间的结合强度，从而制得具有优异性能的共混改性塑料。

二、聚合物的相容性与相容剂

（一）聚合物的相容性

聚合物的相容性是指共混的聚合物各个组分彼此相互容纳，形成宏观均匀材料的能力。从热力学角度来看，聚合物的相容性就是聚合物之间的相互溶解性，是指两种聚合物形成均相体系的能力。聚合物的相容性是塑料共混改性的基础，决定了聚合物共混物的基本性能。

影响聚合物相容性的因素如下：

1.溶解度参数

溶解度参数代表分子链间作用力的大小。聚合物的溶解度参数越接近，其相容性越好。

2.极性

体系中各组分之间的极性越相近，聚合物相容性就越好。

3.各组分的结构

体系中各组分的结构越相近，聚合物相容性就越好。所谓结构相近，是指各组分的分子链中含有相同或相近的结构单元，如 PA6 与 PA66 分子链中的结构单元相似，故二者有较好的相容性。

4.结晶能力

结晶能力是指能否结晶、结晶难易程度和最大结晶程度。高分子结晶能力越大，分子间的内聚力就越大。因此，共混体系中各组分的结晶能力越相近，聚合物相容性就越好。

5.表面张力

体系中各组分的表面张力越接近，其相容性越好。共混物在熔融时，其稳定性及分散度受两相表面张力的控制。两相的表面张力越相近，两相间的浸润、接触与扩散就越好，界面的结合也越好。

6.黏度

共混体系中各组分的黏度越相近，越有利于组分间的浸润与扩散，聚合物的相容性也就越好。

（二）相容剂

实际上，绝大多数的聚合物共混体系在热力学角度上属于不相容体系或者部分相容体系。也就是说，绝大多数聚合物共混体系的相容性并不好。为了使聚合物共混体系拥有良好的性能，必须提高聚合物的相容性。使用相容剂是常用的提高聚合物相容性的手段。

1.相容剂作用的物理本质

相容剂作用的物理本质概括起来有三个方面：一是减小共混体系各组分的界面张力，促进各组分大分子链段的扩散；二是提高相结构的稳定性，从而使共混改性塑料的性能更加稳定；三是改善组分间的界面黏结，有利于外场作用在组分间传递，提高共混改性塑料的性能。

2.相容剂的作用机理

相容剂在热力学本质上可以理解为界面活性剂。高分子合金体系中的界面活性剂一般具有较大的分子量。工作人员在不相容的高分子体系中添加相容剂，并在一定温度下经混合混炼后，相容剂将被局限在两种高分子之间的界面上，起到减少各组分的界面张力、增加界面层厚度、降低分散粒子尺寸的作用，使体系最终形成具有宏观均匀、微观相分离特征的相态结构。

3.相容剂类型

根据相容剂的作用机理以及基体间聚合物相互作用的特征，相容剂可分为如下两种类型：

（1）非反应型相容剂

根据相容剂的微相分离行为的差别，非反应型相容剂可分为微相分离型相容剂和均相型相容剂。前者以嵌段共聚物和接枝共聚物为代表，后者包括无规共聚物、官能化聚合物和均聚物。

（2）反应型相容剂

反应型相容剂的分子带有能和高分子基体发生反应的活性官能团，并能在高分子合金制备条件下发生有效反应。其活性官能团可以在分子的末端，也可以在分子的侧链上。其大分子主链可以和共混体系中的至少一种高分子基体相同，也可以不同，但在不同的情况下，其大分子主链应和共混体系中的至少一种高分子基体有较好的相容性。

反应型相容剂一般分为酸酐型相容剂、环氧型相容剂、羧酸型相容剂等。

三、塑料共混改性的目的与共混改性技术

（一）塑料共混改性的目的

塑料虽然具有很多优良的性能，但与金属材料相比还存在很多缺点。在对综合性能要求高的领域，一些塑料的性能难以满足生产要求，工作人员会对塑料进行共混改性。塑料共混改性的目的如下：

一是提高塑料的力学性能，如强度、低温韧性等。

二是提高塑料的耐热性。大多数塑料的热变形温度都不高，难以胜任在一定温度下的工作。

三是提高加工性能。例如，PPO（聚苯醚）熔体流动性较差，加入 PS（聚苯乙烯）进行共混改性后，其熔体流动性大为改善。

四是降低吸水性，提高制品结构稳定性。例如，虽然 PA 的吸水性较强，但吸水过多会引起制品尺寸发生变化。

五是提高塑料的耐燃烧性。大多数塑料属于易燃材料，用于电气设备、电子设备的安全性较低。通过共混改性，塑料的安全性会有所提高。

六是降低材料的成本。塑料，尤其是工程塑料的价格较高，在工程塑料中

加入无机填料后，能够降低材料的成本。

七是实现塑料的功能化，提高其使用性能。例如，塑料的导电性弱，相关人员可以通过将其与导电聚合物共混，得到具有抗静电功能、导电功能和电磁屏蔽功能的塑料材料，满足电子设备、家电设备等的要求。

总之，相关领域可通过共混改性提高塑料的综合性能，在投资相对较少的情况下增加塑料的品种，扩大塑料的用途，降低塑料的成本，实现塑料的高性能化、精细化、功能化、专用化和系列化，促进塑料产业以及高分子材料产业的发展，同时也促进汽车、电子、电气等行业的发展。

（二）塑料共混改性技术

随着汽车、电子、电气等行业的发展，共混改性塑料的应用领域不断扩大，进而也促进了塑料共混改性技术的发展。常见的塑料共混改性技术如下：

1.高分子合金相容性技术

高分子合金相容性技术有助于实现共混高分子合金的实用化。接枝共聚物的问世，有效地解决了共混体系中不同聚合物的相容性问题，促进了高分子合金的发展。

2.液晶改性技术

液晶聚合物具有优良的物理、化学和力学性能，如高温下强度高、弹性模量大、热变形温度高、线膨胀系数极小、阻燃性优异等。将这种高性能液晶聚合物作为增强剂与 PA 共混，能制造高强度 PA。

3.互穿网络聚合物技术

互穿网络聚合物是由两种或两种以上聚合物通过网络的互相贯穿缠结而形成的一类独特的聚合物共混物或聚合物合金。例如，预先在 PA 等树脂中分别加入含乙烯基的聚硅氧烷及催化剂，在两种聚合物共混挤出过程中，PA 与聚硅氧烷在催化剂的作用下进行交联反应，在 PA 中形成共结晶网络，结晶网络与聚硅氧烷的交联网络形成相互缠结的结构。这种半互穿网络结构，降低了

PA 的吸水性，从而使 PA 具有优良的尺寸稳定性和滑动性。

4.动态硫化与热塑性弹性体技术

所谓动态硫化，就是将弹性体与热塑性树脂进行熔融共混，在用双螺杆挤出机进行熔融共混的同时，弹性体被“就地硫化”。实际上，硫化过程就是交联过程。交联的弹性微粒主要提供共混体的弹性，树脂则提供熔融温度下的塑性流动性，即热塑性。用这种技术制造的弹性体树脂共混物被称为热塑性弹性体。热塑性弹性体的制备往往是交联反应和接枝反应同时进行，即在动态交联过程中，加入接枝单体，使其与载体树脂、弹性体同时发生接枝反应，这样制备的热塑性弹性体既具有一定的交联度，又具有一定的极性。

5.接枝反应技术

该技术应用双螺杆挤出反应技术，将带有官能团的单体与聚合物在熔融挤出过程中进行接枝反应，在一些不具极性的聚合物大分子链上引入具有一定化学反应活性的官能团，使之变成极性聚合物，从而增强了非极性聚合物与极性聚合物间的相容性。

6.分子复合技术

将 PPTA（聚对苯二甲酰对苯二胺）加入己内酰胺或己二酸己二胺盐中，进行聚合，PPTA 以微纤的形式分散在基体中，并产生一定的取向，从而提高复合材料的强度。分子复合技术是制备高强度复合材料的常用技术。

第二节　塑料的填充改性

一、填充塑料的力学性能及填料的影响

（一）填充塑料的力学性能

填料的加入会给基体树脂原有的力学性能带来变化。考察填充塑料的力学性能，主要考察指标包括弹性模量、拉伸强度、断裂伸长率、冲击强度、弯曲强度、蠕变性能和硬度等。

1.弹性模量

纯树脂制成的塑料制品，其弹性模量都比较小，即使是弹性模量相对较大的聚酯、聚酰胺，其弹性模量也仅为金属弹性模量的2.5%～10%。

填料的加入会使填充塑料的弹性模量增大，这首先要归结于填料的弹性模量比聚合物的弹性模量大很多倍。一般说来，当采用窄分布的大颗粒填料时，填充塑料的弹性模量会有小幅度增大；当采用片状和纤维状填料时，填充塑料的弹性模量则显著增大。

2.拉伸强度

在填充塑料中，填料为分散相，实际上是被分割在基体树脂构成的连续相中。假定填料的颗粒之间没有空洞或气泡而完全充满基体树脂，在受力截面上，基体树脂的面积必然小于纯树脂构成的材料。在外力作用下，基体树脂从填料颗粒表面被拉开，因承受外力的总面积减小，所以填充塑料的拉伸强度较未填充体系有所下降。这种基体树脂从填料表面被拉开的现象可以通过“应力发白现象”得到证实。在拉伸应力作用下，基体树脂离开填料颗粒产生较小的空洞，因该部分材料和周围材料的折光指数不同，所以会出现该部分材料比周围材料白的现象。填料粒径越大，填料颗粒随基体树脂变形的可能性就越小，产生空

洞的现象就越明显。

并非填充体系的拉伸强度会永远低于基体树脂，如果通过表面处理，填料与基体树脂的界面黏合得好，在拉伸应力作用下填料颗粒就有可能与基体树脂一起移动变形。在承受外界负荷的有效截面增加的情况下，填充体系的拉伸强度是可能高于基体树脂的拉伸强度的。此外，对于 PE（聚乙烯）、PP（聚丙烯）等非极性聚合物，大多数填料都能显著提高其拉伸强度，此时虽然基体与填料之间黏合得较差，但基体被拉伸时可沿填料颗粒周围产生一定的取向，从而有利于提高拉伸强度。

3.断裂伸长率

填充塑料因填料的存在，在受到拉伸应力时断裂伸长率有所下降，主要原因可归结为绝大多数填料，特别是无机矿物填料本身是刚性的，在外力作用下不会变形。但实验发现，在填料用量低于 5%，且填料的粒径很小时，填充塑料的断裂伸长率有时比基体树脂本身的断裂伸长率要高，这可能是因为在填料用量较少的情况下，填料的细小颗粒可以与基体一起移动。

4.冲击强度

冲击强度是塑料材料的一项重要性能指标。填料的加入往往使填充塑料抗冲击性能下降。

作为分散相的填料颗粒，在基体中起到应力集中的作用。一般来说，这些填料颗粒是刚性的，受力时不变形，也不能终止裂纹或产生银纹以吸收冲击能量，因此会使填充塑料的脆性增加。由于纤维状填料能在与冲击应力垂直的更大面积上分担冲击应力，故其可以提高塑料材料的冲击强度。此外，如果填料表面与基体之间有适当的黏合（不能过强，也不能过弱），可减小因填料加入带来的冲击强度降低的幅度。

近年来发展起来的刚性粒子增韧理论认为，使用非弹性体粒子在不牺牲材料模量的情况下，仍然可达到提高塑料材料冲击强度的目的。刚性粒子可分为有机刚性粒子和无机刚性粒子。在进行填充改性时，也可采用刚性粒子与弹性粒子混杂填充的办法。

5.弯曲强度

一般情况下，填充塑料的弯曲强度随填料含量的增加而下降，其下降程度不仅与基体树脂是否为韧性聚合物，以及填料的几何形状有关，还与填料在基体中的分散情况及加工时的取向有关。片状填料或用偶联剂等表面处理剂处理过的填料，可使韧性聚合物的弯曲强度提高。

6.蠕变性能

塑料材料的蠕变是指在一定应力作用下，塑料材料除产生可以完全恢复的弹性形变外，同时发生永久性形变。永久性形变的不可逆转性，会给某些塑料制品的尺寸稳定性带来不利影响。对于容易产生蠕变的热塑性塑料，填料的加入可降低填充塑料的蠕变程度，即使填充塑料的形变值变小。

7.硬度

测量填充塑料硬度的方法通常有球压痕硬度试验和邵氏硬度试验两种。前者是在规定负荷下把钢球压入塑料试样，塑料的硬度用单位压痕面积上所承受的压力平均值来表示；后者是将规定形状的压针，在标准的弹簧压力下压入塑料试样，借助一定的方法将压针压入试样的深度转换为塑料的硬度。

填充塑料的硬度和金属、填料本身的硬度不同。就其本质而言，它是塑料弹性模量的一种量度，能使填充塑料的模量变大的填料，同样也能使其硬度提高。由于邵氏硬度试验是将尖锐的针头压入塑料，针尖接触的部位是填料还是塑料基材将影响压入深度，因此对于填充塑料，球压痕硬度试验更能准确地反映出填料对材料硬度影响的大小。

（二）填料的影响

填充塑料的加工遵循塑料加工的方法和规律。由于填料的存在，尤其是某些填料的质量分数可能高于基体树脂的质量分数，因此无论用什么方法进行塑料成型加工，都会出现纯树脂加工时不必考虑或不存在的一些问题。

1.填料对热塑性塑料加工流动性的影响

从填料的形状来看，球状、块状、片状或纤维状填料对所填充的热塑性塑料熔融状态下的流动性影响不同。球状填料有利于提高填充体系的加工流动性，而片状或纤维状的填料往往会使填充体系的流动性下降。

从填料的粒径大小来看，填料的粒径越大，对填充体系加工流动性的影响越小。当填料粒径很小且分布很窄时，填充体系的加工流动性最差。

填料与基本树脂混合好之后，如果放置几天后再加工，会使填充体系的加工性能和最终制品的性能得到优化，这可能是由于某些填料需要被所加入的其他添加剂充分浸润。特别是像炭黑这样的填料，将其与填充体系混合，放置几天后再进行加工处理，塑料制品的性能就能够得到显著提高。

填料的存在使填充体系的加工流动性不同于纯树脂，这不仅和填料的多少有关，还与填料的形状、表面处理情况有关。例如，借助单螺杆挤出机或同向旋转双螺杆挤出机用碳酸钙填充 PP。当碳酸钙填充量为 50%以上时，物料挤出困难，但只要加入适当的填料，即使碳酸钙在物料中的质量分数达 80%，仍能顺利地用单螺杆挤出机或同向旋转双螺杆挤出机进行加工。

2.填料对填充塑料成型收缩率的影响

不同树脂的成型收缩率有很大差别。例如，PS 的成型收缩率约为 0.6%，而 PP 的成型收缩率约为 2.0%，尼龙的成型收缩率约为 1.5%等。并且填充改性树脂与纯基体树脂的成型收缩率也不同，假如用加工纯基体树脂的工艺条件和模具加工填充改性树脂，就有可能使制品的尺寸出现偏差，如尺寸偏大。

3.填料对取向的影响

对于不规则块状或球状填料，在填充塑料成型时，无论物料流动方向如何，其填充塑料基本上是各向同性的。但对于径厚比大的片状填料或长径比大的纤维状填料，在填充塑料成型时，填料往往沿着物料流动的方向排列。这种取向有时是有好处的，如可以提高制品的某个方面的性能，但有时也会使制品产生翘曲，或使制品在某个方面的性能变差，这也是需要加以考虑的。

4.填料对熔融焊接性的影响

在某些塑料成型加工过程中，熔融物料分流后又重新汇合，定型后成为产品。例如，在塑料管生产过程中，熔融物料经过机头中的分流梭分流，在注射成型时又通过各自流道在模具中汇合。在这种熔融物料经分流又重新汇合的情况下，如果是纯基体树脂，通过恰当的工艺条件是可以确保熔合质量的，但当物料中有无机填料，特别是填料量比较大时，往往会造成熔合焊接强度的下降，使塑料制品本来就薄弱的部位更加薄弱。对此，通常采取提高熔融物料温度、提高挤出或注射压力、提高模具温度等办法，避免这一问题的出现。

5.填料对几何形状的影响

对于长径比大的纤维状填料或径厚比大的片状填料，为了充分发挥它们的几何形状对塑料改性的作用，在加工过程中需采取适当的措施，保持其初始的长径比或径厚比。

成型温度的提高有助于降低填充体系的黏度，并有助于保持填料的高长径比或径厚比。但高分子树脂在高温下易发生降解，过高的温度容易导致基体材料性能下降。

6.填料中水分或低分子物的影响

物料中含有过多的水分或低分子物，会使制品表面产生缺陷或银纹，严重时还会使制品内部组织呈蜂窝状。因此，在制品成型前应注意对填充体系进行干燥处理，如使用料斗干燥机或采用具有排气功能的挤出机或注射机。填料处理所用的表面活性剂或为了使填料在基体树脂中分散使用的分散剂往往都是低分子物，如果使用不当，就会影响制品的质量。

有的树脂，如 PBT（聚对苯二甲酸丁二酯）和 PC（聚碳酸酯）等，在高温下遇水极易水解，分子量减小，致使制品性能下降，这也是使用填料时需要注意的问题。

二、填料表面处理

参与填充改性的聚合物，其填料大部分是无机填料。无机填料无论是盐、氧化物，还是金属粉体，都属于极性的、不溶于水的物质。当它们分散于极性小的有机高分子树脂中时，因极性的不同，它们与有机高分子树脂的相容性并不好，从而给填充塑料的性能带来不良影响。因此必须通过化学反应或物理方法，对填料表面进行适当处理，改善其相容性。

填料表面处理的作用机理基本上有两种类型：一是表面物理作用，包括表面包覆和表面吸附；二是表面化学作用，包括表面取代、水解、聚合和接枝等。填料表面处理究竟用何种作用机理，主要取决于填料的成分、结构，特别是填料表面的官能团类型、数量及活性。此外，还与表面处理剂类型、表面处理方法和工艺条件有关。

根据所使用的处理设备和处理过程的不同，填料表面处理方法可分为干法处理、湿法处理、其他表面改性方法等。

（一）干法处理

干法处理是指在填料处于干态环境和一定温度下，借助高速混合作用，使处理剂均匀地作用于填料颗粒表面，使填料表面形成一个极薄的表面处理层的过程。

干法处理既可用于物理作用的表面处理，也可用于化学作用的表面处理。尤其是粉碎或研磨等加工工艺同时进行的干法处理，无论是物理作用还是化学作用，都能获得很好的表面处理效果。这种表面处理效果与加工过程中不断新生的高活性填料表面以及填料粒径变小有很大关系。

干法处理的具体方式包括以下两种：

1.表面包覆处理

处理剂可以是液体、溶剂、乳液和低熔点固体形式。一般处理步骤：填料与处理剂混合均匀，混合物升至一定温度后，在此温度下高速搅拌 3～5 min 即可出料。

2.表面反应处理

表面反应处理方法有两类，一是用本身能与填料表面发生较大反应的处理剂，如铝酸酯、钛酸酯等，直接与填料表面进行反应处理；二是用两种处理剂先后进行反应处理，即用第一处理剂先与填料表面进行反应，以化学键形式结合于填料表面，再用第二处理剂与结合在填料表面的第一处理剂进行反应处理。

3.表面聚合处理

许多填料表面带有可反应的基团，这些基团可与一些可聚合的单体发生反应，然后这些发生反应的单体再进行聚合，并在填体表面形成一层聚合物，这样的聚合物再与塑料树脂混合，可以提高填料与基体树脂的界面黏合力，从而大大提高填充改性塑料的力学性能。

（二）湿法处理

湿法处理是指填料在湿态（主要是在水溶液中）环境下进行表面处理的过程。

湿法处理的原理是在处理剂的水溶液或水乳液中，处理剂分子通过与填料表面发生吸附作用或化学作用，与填料表面相结合。因此，湿法处理的处理剂应溶于水或可乳化分散于水中。常用的处理剂有脂肪酸盐、树脂酸盐等表面活性剂，以及硅烷偶联剂和高分子聚电解质等。湿法处理既可用于物理作用的填料表面处理，又可用于化学作用的填料表面处理。

湿法处理的具体方式包括以下四种：

1.吸附法

以活性碳酸钙为例，按轻质碳酸钙原生产工艺流程，在石灰消化后的石灰乳液中，加入计量的表面活性剂，在高速搅拌和 7～15 ℃的温度条件下，通入二氧化碳至悬浮液的 pH 值为 7 左右，然后按轻质碳酸钙原生产工艺流程进行离心过滤、烘干、研磨和过筛，即得活性沉淀碳酸钙。

2.化学反应法

采用硅烷偶联剂、铝酸酯偶联剂、有机铬偶联剂等，通过与填料发生水解反应进行填料表面处理的方法，都属于化学反应法。

3.聚合法

采用聚合法，能够有效提高塑料的拉伸强度。例如，在碳酸钙的水分散体中，用丙烯酸、醋酸乙烯酯、甲基丙烯酸丁酯等单体进行共聚，在碳酸钙粒子表面产生聚合物层而获得聚合处理过的碳酸钙填料。将用上述方法制成的碳酸钙填料按 1∶2 比例填充 PVC 树脂，所得到的填充塑料的拉伸强度比用未经处理的碳酸钙进行填充的 PVC 塑料的拉伸强度提高了 25%。

4.复合偶联处理

复合偶联处理是指碳酸钙复合偶联剂体系工艺。该工艺是以钛酸酯偶联剂为基础，结合其他表面处理剂、交联剂、加工改性剂，对碳酸钙粒子表面进行综合技术处理的工艺。

（三）其他表面改性方法

其他表面改性方法包括高能改性法、酸碱处理法等。

高能改性法指的是利用紫外线、红外线、电晕放电和等离子体照射等方法对填料进行表面处理。例如，与未经处理的碳酸钙相比，低温等离子体处理后的碳酸钙可改善其与 PP 的界面黏结性。这是因为经低温等离子体处理后的碳酸钙粒子表面存在非极性有机层，可以降低碳酸钙的极性，提高与 PP 的相容性。将高能改性方法与前述表面改性方法并用，效果更好。但是高能改性方法所需的技术复杂，成本较高，在粉体表面处理方面用得不多。

酸碱处理法也是一种填料表面处理方法。该方法可以改善粉体表面（或界面）的极性和复合反应活性。

三、表面处理剂

根据物质的结构与特性，填料表面处理剂主要分为表面活性剂、偶联剂、超分散剂等。

（一）表面活性剂

表面活性剂是指使用极少量就能显著改变物质表面或界面性质的物质。其分子结构特点是包含两个组成部分：一个是较长的非极性羟基，称为疏水基；另一个是较短的极性基，称为亲水基。表面活性剂这种不对称的分子结构特点，使其具有两个基本特征：一是表面活性剂很容易定向分布在物质表面或两相界面上，从而使表面或界面性质发生显著变化。二是表面活性剂在溶液中的溶解度较低。在通常使用浓度下，大部分表面活性剂以胶团（缔合体）状态存在。

表面活性剂的表（界）面张力、表面吸附起（消）泡、润湿、乳化、分散、悬浮、凝聚等性质及增容、催化、洗涤等实用性能均与上述两个基本特征有直接或间接关系。表面活性剂按溶于水时是否发生电离分为离子型表面活性剂和非离子型表面活性剂两大类，而离子型表面活性剂又可分为阴离子型表面活性剂、阳离子型表面活性剂和两性离子型表面活性剂。表面活性剂视分子大小可分为小分子表面活性剂和高分子表面活性剂。

（二）偶联剂

偶联剂是一类具有两性结构的表面活性剂，其分子结构特点是含有两类性质不同的化学基团：一部分基团为亲有机基团，其可与有机聚合物发生化学反应或者产生较强的分子间作用或者缠结作用；另一部分基团为亲无机基团，其可与无机物表面的化学基团发生反应。该分子结构能够增强两种物质的界面作用力，从而将性质截然不同的两种材料紧密结合起来。

用偶联剂对填料表面进行处理时，偶联剂的两类基团分别通过化学反应或物理作用，一端与填料表面结合，另一端与高分子树脂缠结或发生化学反应，使表面性质悬殊的无机填料与高分子树脂较好地相容。

偶联剂主要有硅烷偶联剂、钛酸酯偶联剂及铝酸酯偶联剂等。

1.硅烷偶联剂

硅烷偶联剂的分子结构式是 $R-Si-X_3$。式中，R 为有机疏水基，如乙烯基、环烷基、氨基、甲基丙烯酸酯、硫酸基等；X 为能水解的烷氧基，如甲氧基、乙氧基及氯等。

当应用于玻璃纤维表面处理时，硅烷偶联剂分子中 X 部分首先经过水解形成硅醇，然后与填料表面的羟基缩合而牢固结合；而偶联剂的另一端，即有机疏水基，或与高分子树脂长链缠结，或发生化学反应。硅烷偶联剂一般要以水、醇、丙酮或其他混合物为溶剂，配成一定浓度（0.5%～2.0%）的溶液来对填料进行处理。如填料为粉体，则可利用高速搅拌设备，在一定温度下直接加入硅烷偶联剂溶液，或将填料稀释后采用喷洒的方式加入定量的硅烷偶联剂溶液；如填料为纤维，可将纤维浸泡在硅烷偶联剂溶液中，一段时间后再将浸泡后的纤维在一定温度下烘干。

用硅烷偶联剂对填料进行表面处理时，要注意以下几点：一是添加适量酸碱溶液或缓冲剂，使处理液维持一定的 pH 值，以控制水解速度和处理液的稳定时间。二是对会影响缩合、交联的杂质进行控制，或添加适量催化剂，调节缩合或交联反应性。三是控制表面处理时间和烘干温度，保证表面处理反应完全。四是对某一指定的填料来说，要注意选择适合的硅烷偶联剂品种来进行表面处理。大多数硅烷偶联剂可以处理含二氧化硅或硅酸盐成分多的填料，对白炭黑、石英粉、玻璃纤维等的处理效果最好，高岭土、三水合氧化铝次之。五是应考虑经硅烷偶联剂处理的填料应用于什么体系的高分子中。

2.钛酸酯偶联剂

在实际应用中，钛酸酯偶联剂主要分为以下四种类型：

（1）单烷氧基型钛酸酯偶联剂

即分子中只保留一个短链烷氧基的钛酸酯偶联剂，适用于表面不含游离水而只含单分子层吸附水，或表面有羟基、羧基的无机填料。

（2）单烷氧基焦磷酸酯基型钛酸酯偶联剂

即分子中较长链基为焦磷酸酯基的钛酸酯偶联剂，适用于含水量较高的无机填料。用这类钛酸酯偶联剂处理填料时，除短链的单烷氧基与填料的羟基、羧基反应之外，游离水会使部分焦磷酸酯水解成磷酸酯。

（3）螯合型钛酸酯偶联剂

即将分子中短链单烷氧基改为对水有一定稳定作用的螯合基团的钛酸酯偶联剂。其具有非常好的水解稳定性，因此可用于处理高湿度填料，如陶土、滑石粉、硅铝酸盐、炭黑及玻璃纤维等，主要代表品种有螯合 100 型和螯合 200 型，其螯合基分别为氧代乙酰氧基和二氧亚乙基。

（4）配位型钛酸酯偶联剂

即分子中中心原子钛为六配位且含有烷氧基，以避免四价钛原子在聚酯、环氧树脂等体系中发生交换而引起交联副反应的钛酸酯偶联剂。其处理填料表面的偶联机理与单烷氧基型类似。

3.铝酸酯偶联剂

铝酸酯偶联剂具有与无机填料表面反应活性大、色浅、无毒、味小、热分解温度较高、适用范围广、使用时无须稀释，以及运输方便等特点。并且，在 PVC 填充体系中，铝酸酯偶联剂有很好的热稳定协同性和一定的润湿增塑效果。

经铝酸酯偶联剂处理的材料、制品，其原有表面具有了一些新性质，如疏水性、热稳定性、防沉降性和抗静电性等。铝酸酯偶联剂对许多无机填料、有机分散介质体系都有明显的降黏作用，其降黏效果与相应钛酸酯偶联剂一样显著。同时，不同品种的铝酸酯偶联剂降黏效果也有差异。

（三）超分散剂

传统的分散剂（表面活性剂）的分子结构特点使其很容易定向排列在物质表面或两相界面上，降低界面张力，对水性分散体系有很好的分散效果。但其分子结构存在局限性：一是亲水基团与极性较低或非极性的颗粒表面结合不牢靠，易解吸而导致分散后粒子重新絮凝；二是亲油基团不具备足够的碳链长度（一般不超过 18 个碳原子），不能在非水性分散体系中产生足够强的空间位阻效应，因此无法起到稳定作用。

超分散剂克服了传统分散剂在非水分散体系中的局限性，对水性分散体系有很好的分散效果。它的主要特点是：能够快速充分地润湿颗粒，缩短达到合格颗粒细度的研磨时间；可大幅度提高研磨基料中的固体颗粒含量，节省加工设备与加工能耗；分散均匀，稳定性好，从而使分散体系的最终使用性能显著提高。

超分散剂的分子结构分为两部分。一部分为锚固基团，它们可通过离子键、共价键、氢键等相互作用紧紧地吸附在固体颗粒表面，防止超分散剂脱附。另一部分为溶剂化链，常见的有聚酯、聚醚、PO 及聚丙烯酸酯等，在极性匹配的分散介质中，溶剂化链与分散介质具有良好的相容性。

超分散剂作用机理包括锚固机理和溶剂化机理两部分：

1.锚固机理

一是对具有强极性表面的无机颗粒，如钛白、氧化铁或铅铬酸盐等，只需要使用含单个锚固基团的超分散剂，就可使此锚固基团与无机颗粒表面的强极性基团以离子对的形式结合起来，形成“单点锚固”。

二是对具有弱极性表面的有机颗粒，如有机颜料和部分无机颜料，一般是用含多个锚固基团的超分散剂，这些锚固基团可以通过偶极力在颗粒表面形成“多点锚固”。

三是对完全非极性或极性很小的有机颜料及部分炭黑，因其不具备可供超分散剂锚固的活性基团，故不管使用何种超分散剂，分散效果均不明显。此时应使用表面增效剂——这是一种带有极性基团的颜料衍生物，其分子结构，以及物理化学性质与分散颜料非常相似，因此它能通过范德华力紧紧地吸附于有机颜料表面，同时通过其分子结构的极性基团为超分散剂锚固基团的吸附提供化学位。通过这种“协同作用”，超分散剂就能对有机颜料产生非常有效的润湿和稳定作用。

2.溶剂化机理

超分散剂的另一部分为溶剂化链，链段长短是影响超分散剂分散性能的一个重要因素。溶剂化链长度过短时，立体上效应不明显，不能产生足够的空间位阻；而如果溶剂化链长度过长，超分散剂对介质的亲和力就会过高，不仅会导致超分散剂从粒子表面解吸，还会使在粒子表面过长的链发生反折叠现象，最终导致粒子的再聚集或絮凝。

第三节　塑料的增强改性

一、热塑性增强塑料的特点

热塑性增强塑料一般由树脂及增强材料组成。热塑性增强塑料的特点包括以下几点：

（一）比强度高

材料的强度与其密度之比，称作比强度。比强度越高，表明达到相应强度所用的材料质量越轻。通常来说，增强塑料的比强度高于一般金属材料。

虽然热塑性增强塑料的密度较小，但其通常能以较小的单位质量获得很高的机械强度，是一类轻质高强度的新型工程结构材料。由于在比强度方面的优势，热塑性增强塑料在飞机、火箭、导弹，以及其他要求减轻质量的运载工具中的应用，有着极为重要的意义。

（二）良好的热性能

一般未增强的热塑性塑料，其热变形温度是较低的，只能在 100 ℃以下使用。增强塑料的热变形温度则显著提高，可在 100 ℃以上甚至 150～200 ℃的温度条件下进行长期工作。例如，尼龙 6 未增强前其热变形温度在 50 ℃左右，而增强后其热变形温度可达 120 ℃。

（三）良好的电绝缘性能

热塑性增强塑料的电绝缘性能由本体高分子树脂所决定。一般来说，热塑性增强塑料是一种优良的电绝缘材料，可做电机、电器中的绝缘零件。热塑性增强塑料制品在高频作用下仍能保持良好的介电性能，不受电磁干扰，不反射无线电电波，微波透过性良好，因而在国防建设方面也得到广泛应用。

（四）良好的耐化学腐蚀性能

对于除氢氟酸等强腐蚀性介质外的介质来说，玻璃纤维具有优良的耐化学腐蚀性。在热塑性增强塑料的制作中，可通过改变增强剂品种的方式，例如，将玻璃纤维改用碳纤维、硼纤维或石棉纤维等，提升其强度和耐腐蚀性能。

二、增强剂的主要种类

增强塑料由高分子树脂和增强剂两大部分组成。其中，增强剂的主要种类如下：

（一）玻璃纤维

根据玻璃中碱金属氧化物的含量，玻璃纤维可分为无碱玻璃纤维、中碱玻璃纤维、高碱玻璃纤维及特种成分玻璃纤维。其中，无碱玻璃纤维性能最好，是最重要的玻璃纤维增强材料。玻璃纤维不吸水、不燃，化学稳定性、电绝缘性和力学性能好。其不足之处是与树脂间的亲和性不好，在使用时常需加入偶联剂等对其进行表面处理。

1.无碱玻璃纤维

其碱金属氧化物含量小于 1%。此种玻璃纤维有优良的化学稳定性、电绝缘性和力学性能，主要用于增强塑料、电气绝缘材料、橡胶增强材料等的制作。

2.中碱玻璃纤维

其碱金属氧化物含量为 8%～12%。此种玻璃纤维含碱量较高，耐水性较差，不适宜用作电绝缘材料。但它的化学稳定性和耐酸性较好，而且价格便宜，所以对于机械强度要求不高的一般增强塑料，可用中碱玻璃纤维。

3.高碱玻璃纤维

其碱金属氧化物含量为 14%～15%。此种玻璃纤维机械强度较低、化学稳定性和电绝缘性能较差，主要用于保温材料、防水材料、防潮材料等的制作。

4.特种成分玻璃纤维

此种玻璃纤维由于在配方中添加了特种氧化物，因而拥有多种特殊性能。特种成分玻璃纤维包括高强度玻璃纤维、高弹性模量玻璃纤维、耐高温玻璃纤维、低介电常数玻璃纤维、抗红外线玻璃纤维、光学玻璃纤维、导电玻璃纤维等。

（二）碳纤维

最近几年，高强度、高弹性模量的新型碳纤维出现并进入生产领域。碳纤维是由元素碳构成的一类纤维，通常由有机纤维在隔绝空气和水的情况下加热至高温分解碳化而成。根据碳纤维的结构，碳纤维可分为石墨碳纤维和无定形碳纤维两种；根据碳纤维的性能，特别是模量特性，碳纤维可分为通用型碳纤维和高性能型碳纤维两种。

与玻璃纤维比较，碳纤维的特点是弹性模量很高，在湿态环境下力学性能保持良好，导热系数大，有导电性，耐蠕变性和耐磨性好。碳纤维纵向导热好而横向导热差，这是由碳纤维的高度结晶定向所致。

碳纤维及其复合材料具有比强度高、比模量高、耐高温、耐腐蚀、耐疲劳、抗蠕变、传热和热膨胀系数小等一系列优异性能，既可作为结构材料承载负荷，又可作为功能材料发挥作用。因此，近年来碳纤维及其复合材料的发展十分迅速。

（三）石棉纤维

石棉纤维是一种天然的多结晶质无机纤维，特点是耐热、耐火、耐水、耐酸、耐化学腐蚀，缺点是对人体有一定的致癌性，在很多情况下被禁止使用。

适宜做热塑性增强材料的是温石棉，它的单纤维是管状的，内部具有毛细管结构。与玻璃纤维增强塑料相比，石棉纤维增强塑料制品变形小，阻燃性较好，对成型机磨损较小，价格低，但电气性能、着色性较差。

（四）有机聚合物纤维

有机聚合物纤维包括芳纶（芳香族聚酰胺）纤维和 PET（聚对苯二甲酸乙二醇酯）纤维。

芳纶纤维不像玻璃纤维或碳纤维那样呈直棒状，而是呈卷曲状或扭曲状。这个特点使得芳纶复合材料中的芳纶纤维在加工过程中不完全沿流动方向取向，因而在各性能分布上更加均匀。芳纶纤维具有耐高温、耐摩擦、阻燃性好、尺寸稳定性好等特点。

PET 纤维虽然不能提高复合材料的力学强度或硬度，但是其成本较低，且 PET 纤维对模具表面的磨蚀作用也比玻璃纤维小。PET 短切纤维束可以用来与玻璃纤维混合，从而提高脆性树脂基体的抗冲击强度。

（五）炭黑与白炭黑

炭黑是由碳氢化合物通过不完全燃烧或热裂解制得的，主要由碳元素组成，从外观上看为疏松的黑色细粉。

炭黑的密度为 1.80～1.85 g/cm³，表观密度为 0.3～0.5 g/cm³，橡胶用炭黑的粒径一般为 11～500 nm。炭黑的粒径越小，其补强性能越好。

炭黑在橡胶工业中用作补强剂，在塑料工业中用作紫外线屏蔽剂、着色剂和导电剂，在油墨、油漆、涂料、化纤、皮革化工等行业中用作着色剂。90%～95%的炭黑用于橡胶工业，其在橡胶中的添加量约为 40%。

白炭黑是一种无定形二氧化硅，呈白色粉末状。由于其在橡胶工业中有与炭黑相似的补强性能，可以用于制作白色或彩色橡胶制品，故称为“白炭黑”。实际上，它的补强效果比炭黑更好。

沉淀法生产的白炭黑为水合二氧化硅，为白色无定形粉状物质，质轻而松散，无毒，无味，不溶于水，可溶于氢氧化钠和氢氟酸，具有很强的电绝缘性。

白炭黑的补强性能主要与其比表面积、粒径和表面化学活性有关。与炭黑相比，白炭黑比表面积更大，粒子更细，因此活性高，补强后的硫化胶的拉伸强度、撕裂强度、耐磨性也高，但弹性下降，混炼胶黏度增大，加工性能下降。白炭黑的 pH 值不稳定，亲水性强，不利于补强橡胶。其含水量高的特点，使橡胶硫化时易出现焦烧和延迟硫化现象。由此，用白炭黑补强橡胶时，进行适当的预处理是十分必要的。

（六）金属纤维

金属纤维包括不锈钢纤维、铝纤维、镀镍的玻璃纤维或碳纤维等。这类纤维主要用于制作有防静电要求的复合材料，不太适合作为增强成分，而且在加工过程中很容易发生卷曲。但在复合材料中加入低含量的金属纤维（添加量通常为 5%～10%），不仅能够使复合材料获得令人满意的电磁屏蔽性能，还能使复合材料的力学性能基本满足要求。目前，不锈钢纤维是使用最广泛的金属纤维。

（七）硼纤维

硼纤维是一种质量轻的增强材料，其弹性模量很大（硼纤维的弹性模量为玻璃纤维的 5 倍），密度小，强度和比刚度高，因此常用于轻质、高强度的复合材料的制作。例如，用硼纤维增强的环氧树脂复合材料已成功用于飞机和宇航器部件的制作。硼纤维的缺点是价格较高，纤维的直径大，断裂伸长率较小，因此尚未得到普遍应用。

三、玻璃纤维的表面处理

作为最常用的增强剂，玻璃纤维有许多优点。但不可否认的是，它也存在着很多缺点。例如，与高分子树脂黏合力差、不耐磨、僵硬、断裂伸长率小等。玻璃纤维的表面处理技术是提升玻璃纤维增强塑料性能的关键。

对于热塑性增强塑料制品来说，玻璃纤维与高分子树脂的黏结性能是否良好非常重要。当玻璃纤维表面处于不平衡状态时，其就会产生强烈吸附类似状态的极性分子的趋向。而大气中的水分子，就是玻璃纤维最容易遇到的极性分子。玻璃纤维表面牢固地吸附着一层水分子，层厚约为水分子粒径的 100 倍。玻璃纤维越细，比表面积越大，吸附的水量也就越多，这层水膜的存在会严重影响玻璃纤维与高分子树脂的黏结强度。吸附水还会渗入玻璃纤维表面的微裂痕，使玻璃纤维水解成硅酸胶体，从而降低玻璃纤维的强度。

玻璃纤维含碱量越高，水解性就越强，强度降低的幅度也就越大。玻璃纤维表面具有光滑性，本来就不易与其他材料黏合，再加上这层水膜，其黏结性能就更差了。此外，玻璃纤维之间摩擦系数很大，与其他材料之间也常常有很大的摩擦系数。

所谓玻璃纤维表面处理，就是在光洁的玻璃纤维表面涂上一层均匀的表面处理剂。玻璃纤维的表面处理方法有以下四种：

①热-化学处理法。先将玻璃纤维制品的石蜡乳化型浸润剂烧去，然后用表面处理剂进行处理。

②前处理法。将表面处理剂加入玻璃纤维浸润剂配方之中，在拉丝作业中进行处理。

③迁移法。将表面处理剂按一定比例掺进树脂中使用。

④热处理法。将玻璃纤维制品在 420～580 ℃的加热炉中烘烧 1 min 左右，处理后浸润剂的残留量为 0.1%～0.2%，强度损失 20%～50%。随即将经过热处理的玻璃纤维制品浸入特定配方的表面处理剂，进行充分浸渍。经过浸渍处理后，再将玻璃纤维制品放入烘干炉加以干燥。

第四节 塑料的阻燃改性

一、聚合物的燃烧过程与阻燃剂的作用机理

（一）聚合物的燃烧过程

塑料燃烧的原因在于其主要成分是碳氢化合物，此类化合物容易在氧气的作用下发生燃烧反应而产生火焰。在燃烧过程中，塑料分子断裂，释放出碳氧化物、氮氧化物等可燃气体，同时放出大量的热量。

聚合物的燃烧过程大致分为以下 5 个阶段：

1.加热阶段

把由外部热源产生的热量给予聚合物，使聚合物温度升高。聚合物升温的速度取决于外界热源供给热量的多少、与聚合物接触体积大小、火焰温度的高低，以及聚合物的比热容和导热系数。

2.降解阶段

聚合物被加热到一定温度后，聚合物分子中最弱的键断裂，即发生降解。聚合物降解的速度取决于弱键键能的大小。

3.分解阶段

当温度上升到一定程度时，除弱键断裂外，强键也开始断裂，即发生裂解，产生低分子化合物（包括可燃性气体、不燃性气体、液态产物、固态产物等）。聚合物不同，其分解的产物也不同，但大多数为可燃烃类，而且产生的气体多是有毒或有腐蚀性的。

4.点燃阶段

当聚合物在分解阶段所产生的可燃性气体达到一定浓度，且温度达到其燃点或闪点，并有足够的氧或氧化剂存在时，开始出现火焰，这就是点燃。

5.燃烧阶段

燃烧释放出的能量使活性游离基发生链式反应，不断形成可燃物质，使火焰越来越大。

（二）阻燃剂的作用机理

塑料广泛应用于各个领域，然而，因其具有易燃性，给生产生活带来一定的安全隐患。为了提高塑料制品的防火性能，人们广泛使用阻燃剂，对塑料进行阻燃改性。阻燃剂是一类能够减缓塑料燃烧速度的化学物质。在塑料制品中添加阻燃剂是为了提高其防火性能，降低火灾事故的发生可能性，并减少火灾造成的损失。

阻燃剂对上述燃烧反应的影响表现在如下几个方面：

一是位于凝聚相内的阻燃剂吸热分解，从而使凝聚相的相对温度上升得较为缓慢，以延缓聚合物的热分解。

二是在热作用下，阻燃剂出现吸热相变，阻止凝聚相温度升高，使燃烧反应变慢直至停止。

三是催化凝聚相热分解，产生固相产物（焦化层）或泡沫层，阻碍热传递作用。同时，使凝聚相温度保持在较低水平，导致作为气相反应原料（可燃性气体分解产物）的形成速度降低。

阻燃剂的阻燃机理可以分为物理机理和化学机理两种：

1.物理机理

阻燃剂阻燃的物理机理主要是通过阻碍火焰的形成和传播来减缓塑料的燃烧速度。其物理机理主要包括以下几个方面：

（1）形成保护膜

阻燃剂的一种常见的阻燃物理机理是在塑料表面形成一层保护膜，使燃烧的塑料与氧气隔离开，从而减缓塑料的燃烧速度。这一层保护膜通常由阻燃剂在高温下分解产生的无机氧化物组成，这些无机氧化物具有较好的耐高温性能，具有隔热、隔氧的功能，能有效减缓火焰的蔓延速度。

（2）吸收热量

部分阻燃剂在燃烧过程中会释放出惰性气体或水蒸气等物质，这些惰性气体或水蒸气能够吸收周围的热量，使火焰周围的温度降低，从而减缓了塑料的燃烧速度。

（3）阻断燃烧链反应

阻燃剂还可以阻断燃烧链反应，使燃烧过程中自由基的产生和传播受到干扰。在燃烧链反应被阻断的情况下，火焰的形成和传播受到限制，从而减缓了塑料的燃烧速度。

（4）消耗氧气

一些阻燃剂在燃烧过程中会产生惰性气体，这些惰性气体可以稀释火焰周围的氧气浓度，从而减缓火焰的蔓延速度。

2.化学机理

塑料阻燃剂阻燃的化学机理是阻燃剂与在燃烧反应中生成的各种自由基、活性氧等发生化学反应，以抑制火焰的形成和传播。化学机理是阻燃剂发挥作用的重要机制之一。常见的化学机理包括以下几种：

（1）自由基捕捉

部分阻燃剂具有捕捉自由基的能力。当塑料开始燃烧时，阻燃剂中的活性基团会与塑料中的自由基发生反应，从而形成稳定的化合物，这种化合物能抑制自由基链反应的进行。这种化学反应可以有效减缓火焰的蔓延速度。

（2）惰化剂生成

一些阻燃剂在高温下会分解产生惰性气体或惰性化合物，从而生成惰化剂，抑制火焰的形成和传播。

（3）活性氧消耗

在燃烧反应中产生的活性氧会促进火焰的形成和扩散。一些阻燃剂具有与活性氧发生反应的能力，如磷系阻燃剂可以与活性氧结合形成氧化磷等物质，从而消耗活性氧，抑制火焰的蔓延。

在实际应用中，不同类型的塑料对阻燃剂的需求也有所不同。一般来说，聚烯烃类塑料（如 PE、PP）主要采用溴系阻燃剂，而聚酯类塑料（如聚对苯二甲酸乙二醇酯）则更适合使用磷系阻燃剂。此外，考虑到阻燃剂可能对塑料的性能产生影响，需要在阻燃效果和塑料性能之间进行平衡。

在工程实践中，选择合适的阻燃剂对于提高塑料制品的防火性能至关重要。相关人员对阻燃剂的阻燃机理进行深入了解，有助于其更好地应用阻燃技术，保障人们的生命和财产安全。

二、阻燃剂的种类及应用领域

阻燃剂应具备以下性能：阻燃效率高，赋予聚合物良好的自熄性或难燃性；能与聚合物很好地相容且易分散；具有适宜的分解温度；无毒或低毒、无臭、无污染，阻燃过程中不产生有毒气体；不降低聚合物的力学性能、电性能等；耐久性好，能长期保留在聚合物中，发挥阻燃作用；来源广泛，价格低廉。

（一）阻燃剂的种类

阻燃剂根据使用方法可分为添加型阻燃剂和反应型阻燃剂两大类。添加型阻燃剂使用方便、适应面广。反应型阻燃剂对塑料使用性能的影响较小，阻燃性持久，但价格高，目前仅用于环氧树脂、聚酯、ABS 等塑料制品的制造。根据所含阻燃元素，阻燃剂又可分为卤系阻燃剂、磷系阻燃剂、氮系阻燃剂、硼系阻燃剂、有机硅系阻燃剂、无机阻燃剂，以及纳米复合材料阻燃剂等。

以下是对一些常用阻燃剂的介绍：

1.卤系阻燃剂

卤系阻燃剂是目前世界上产量最大的有机阻燃剂之一，主要包括溴系阻燃剂和氯系阻燃剂。

溴系阻燃剂的主要产品有十溴二苯乙烷、溴化聚苯乙烯、五溴甲苯等。大部分溴系阻燃剂的分解温度为 200～300 ℃，此温度范围正好也是常用塑料的分解温度范围。所以在塑料分解时，溴系阻燃剂也开始分解，并能捕捉高分子材料分解时的自由基，从而形成稳定的化合物，以延缓或抑制燃烧链的反应。同时释放出的 HBr（溴化氢）本身是一种难燃气体，这种气体密度大，可以覆盖在材料的表面上，起到阻隔氧气与稀释氧气浓度的作用，也能抑制材料的燃烧。更为重要的是，HBr 能抑制高分子材料燃烧时发生的连锁反应，从而起到清除自由基的作用。

溴系阻燃剂的适用范围非常广泛，可以大量应用于多种塑料的阻燃改性，其耐热性好，用量少，阻燃效率高，对材料的性能影响小，价格适中，对 HIPS、ABS、PBT 等工程塑料的阻燃改性具有重要意义。

溴系阻燃剂的主要缺点是降低被阻燃基材的抗紫外线稳定性，燃烧时生成较多的烟、腐蚀性气体和有毒气体，造成“二次灾害”，且燃烧产物（卤化物）一旦进入大气就很难被去除，会严重污染大气环境，破坏臭氧层。

在氯系阻燃剂中，氯化石蜡是非常重要的工业阻燃剂。其优点在于挥发性小，阻燃效果持久；缺点在于热稳定性差，仅适用于加工温度低于 200 ℃的复合材料。

2.磷系阻燃剂

磷及磷化合物很早就被用作阻燃剂。在燃烧时，部分磷化合物会分解生成磷酸的非燃性液态膜，其沸点可达 300 ℃。同时，磷酸又进一步脱水生成偏磷酸，偏磷酸进一步聚合生成聚偏磷酸。在这个过程中，由磷酸生成的覆盖层起到覆盖作用，而且由于生成的聚偏磷酸是强酸，是很强的脱水剂，能使塑料脱水而炭化，改变塑料燃烧过程的模式，并在塑料表面形成碳膜以隔绝空气，因此具有更强的阻燃效果。

磷系阻燃剂的阻燃作用主要体现在火灾初期的高分子聚合物分解阶段，促进塑料脱水炭化，从而减少塑料因热分解而产生的可燃性气体的数量，并且所生成的碳膜还能隔绝外界空气和热量。因此，磷系阻燃剂对含氧塑料的阻燃效果最佳，主要存在于含羟基的纤维素、聚氨酯、聚酯等塑料中。对于不含氧的烃类塑料，磷系阻燃剂的作用效果就比较差。

磷系阻燃剂也是一种自由基捕获剂，能抑制火焰的生成。另外，磷系阻燃剂在阻燃过程中产生的水分，一方面可以降低凝聚相的温度，另一方面可以稀释气相中可燃物的浓度，从而更好地起到阻燃作用。

研究表明，卤系阻燃剂与磷系阻燃剂配合使用，能产生显著的协同效应。卤系阻燃剂与磷系阻燃剂配合使用，能互相促进分解，并形成比单独使用具有更强阻燃效果的卤-磷化合物及其转化物等。此外，卤系阻燃剂与磷系阻燃剂配合使用时，阻燃剂的分解温度要比单独使用时略低，且分解非常剧烈，燃烧区的氯磷化合物及其水解产物形成的烟气云团能较长时间逗留在燃烧区，形成强大的气相隔离层。

3.氮系阻燃剂

氮系阻燃剂指的是三聚氰胺及其与磷的化合物，主要包括三聚氰胺、三聚氰胺氰尿酸和三聚氰胺磷酸酯。作为阻燃剂新品种，氮系阻燃剂有很多优点：高效阻燃，不含卤素，无腐蚀作用，电性能好，不褪色，不喷霜，可回收再利用，等等。氮系阻燃剂主要应用于 PO 和 PA 的制备，不需要和其他阻燃剂配合使用。

氮系阻燃剂受热分解后，易生成氨气、氮气、氮氧化物、水蒸气等不燃性气体。阻燃剂分解吸热带走大部分热量，可降低聚合物的表面温度；生成的不燃性气体可稀释空气中的氧气浓度和高聚物受热分解产生的可燃性气体的浓度，并与空气中氧气反应生成氮气、水等，在消耗材料表面氧气的同时，具有良好的阻燃效果。

4.硼系阻燃剂

与磷系阻燃剂类似，硼系阻燃剂在受到高温时也可以产生硼酸，是一种较好的脱水剂。同时，其产物是一种玻璃状物质，可以覆盖在聚合物的燃烧前沿，起到阻隔作用，从而达到阻燃效果。

硼酸锌是目前应用最广泛的硼系阻燃剂之一。硼酸锌具有无毒、水溶性低、热稳定性高、粒度小、密度小、分散性好等特点。当温度高于 300 ℃时，硼酸锌热分解，释放出结晶水，起到吸热冷却和稀释空气中氧气浓度的作用。在高温下，硼酸锌分解生成 B_2O_3（氧化硼），在聚合物表面形成一层覆盖层，抑制可燃性气体的产生，也可阻止氧化反应和热分解。硼酸锌可以作为氧化锑或其他卤系阻燃剂的多功能增效添加剂，能有效提高塑料制品的阻燃性能，减少烟雾产生。

5.有机硅系阻燃剂

有机硅系阻燃剂既是一种新型无卤阻燃剂，也是一种成碳型抑烟剂。它在赋予聚合物优异阻燃抑烟性的同时，还能改善聚合物的加工性能，提高聚合物的机械强度。有机硅系阻燃剂具有高效、无毒、低烟、无熔滴、无污染的特点。在众多的无卤阻燃体系中，有机硅系阻燃剂备受关注。有机硅系阻燃剂在其燃烧的时候会较早发生熔融滴落现象，其中有机硅系阻燃剂的熔滴物质会穿过聚合物基体的空隙转移到基材的表面，生成致密而稳定的含硅碳层，这层含硅碳层既能阻止燃烧分解的可燃性物质外逸，同时也能起到隔热隔氧的作用，阻止高分子聚合物材料的热分解，达到阻燃、抑烟的目的。常见的有机硅系阻燃剂包括硅油、硅树脂、带功能团的聚硅氧烷等。

有机硅阻燃剂与卤系阻燃剂协同使用，可进一步提高阻燃效果，并能改善被阻燃材料的其他性能；有机硅阻燃剂与磷系阻燃剂协同使用，可以有效减少阻燃剂的用量，且对被阻燃材料的机械性能和电性能的影响较小。

6.无机阻燃剂

无机阻燃剂主要包括氢氧化铝、氢氧化镁、可膨胀石墨等。氢氧化铝和氢氧化镁是无机阻燃剂的主要品种，具有无毒和低烟等特点。无机阻燃剂受热分解生成的金属氧化物多数熔点高、热稳定性好，其覆盖于被阻燃材料表面，以阻挡热传导和热辐射，从而起到阻燃作用。同时分解产生的大量水蒸气，可稀释可燃性气体的浓度，也能起到一定的阻燃作用。

可膨胀石墨是近年来出现的一种新型无卤阻燃剂。它是由天然鳞片石墨经浓硫酸酸化处理，然后经水洗、过滤、干燥，再在 900～1000 ℃条件下膨化制得的。可膨胀石墨在瞬间承受 200 ℃以上的高温时，由于吸留在层型点阵中的化合物发生分解，会沿着结构的轴线呈现数百倍的膨胀，并在 1100 ℃时达到最大体积，任意膨胀后的最终体积可达到初始体积的 280 倍。这一特性使得可膨胀石墨在火灾发生时可通过自身体积的瞬间增大将火焰熄灭。目前，可膨胀石墨已在不同领域进行了商业化应用，比如聚氨酯泡沫塑料等。另外，可膨胀石墨也应用于结构结合、电缆分割和分割管路的防火。

7.纳米复合材料阻燃剂

某些鳞片状无机物能够在物理和化学反应的作用下，碎裂成纳米级尺寸的结构微区，其片层间距一般在零点几纳米到几纳米。这些鳞片状无机物不仅可以让某些塑料插层进入纳米尺寸的夹层空间，形成插层型纳米复合材料，还能让无机夹层被塑料撑开，进而形成长径比很大的单片状无机物，这些无机物被均匀地分散在塑料的基体中，最终形成层离型纳米复合材料。

利用多孔或层状无机化合物的特性，制备的纳米复合材料阻燃剂能够在高分子聚合物的热分解和燃烧过程中，形成碳及无机盐多层结构，起到隔热及阻止可燃性气体逸出的作用，使高分子聚合物得以阻燃。另外，纳米复合材料阻燃剂还具有防腐、防渗漏、耐磨、耐气候的特点，有利于提升塑料制品的性能。

（二）阻燃剂的应用领域

阻燃剂广泛应用于各种塑料制品中，包括电线电缆、建筑材料、汽车零部件、电子产品外壳等。特别是在一些对防火性能要求较高的领域，如航空航天、船舶、地铁等领域，阻燃剂的使用更为普遍。

阻燃剂的应用领域主要包括以下几个方面：

1.建筑行业

在建筑行业中，塑料阻燃剂被广泛应用于各种建筑材料的制造，如建筑隔热材料、保温材料、隔音材料、装饰材料等。添加阻燃剂，可以提高这些建筑材料的防火性能，降低火灾发生的概率，保障建筑物和人员的安全。

2.电气电子行业

在电气电子行业中，塑料阻燃剂被广泛用于电缆、电线、电气设备外壳等产品的生产。这些产品在工作时可能会受到高温、电弧等因素的影响，如果没有有效的防火措施，很容易引发火灾。添加阻燃剂可以有效减缓这些产品的燃烧速度，提高其防火性能，保障电气设备和使用者的安全。

3.交通运输行业

在交通运输领域，塑料阻燃剂被广泛应用于汽车、船舶、飞机等交通工具的制造，以及道路标志、交通设施等产品的生产。这些交通工具和相关产品在运行、使用中可能会受到各种外界因素的影响，如高温、摩擦等，如果没有有效的防火措施，容易引发交通事故。添加阻燃剂，可以提高这些产品的防火性能，降低火灾发生的概率，保障交通运输的安全。

4.家居生活用品领域

在家居生活用品领域，塑料阻燃剂被广泛应用于生产各种家具、电器、厨具、玩具等产品。这些产品在日常使用中可能会接触到高温、明火等危险因素，如果没有有效的防火措施，容易引发火灾。添加阻燃剂可以提高这些产品的防火性能，降低火灾发生的概率，确保家庭安全。

5.医疗卫生领域

在医疗卫生领域，塑料阻燃剂被广泛应用于生产医疗器械、医疗包装材料、医用耐燃涂料等产品。这些产品可能会处于高温环境下，如果没有有效的防火措施，容易引发火灾。添加阻燃剂可以提高这些产品的防火性能，降低火灾发生的概率，保障医疗卫生工作的顺利进行。

三、塑料的阻燃改性特点

塑料的阻燃改性特点包括：一是有效提高了塑料制品的防火性能，减缓了火焰的蔓延速度，降低了火灾的发生率；二是增强了塑料制品的安全性和可靠性，减少了火灾可能造成的人员伤亡和财产损失；三是提高了塑料制品的环境适应性，使其更适合在各种恶劣环境中使用；四是不会改变塑料制品的基本性能和用途，保留了其原有的机械性能和加工性能。

四、塑料阻燃性能测试方法

塑料阻燃改性技术是一种现代材料工程技术，通过向塑料中添加特定的化学物质来改变其分子结构和燃烧性能，以提高塑料材料的安全性。这种技术对于提高塑料的防火性能至关重要。通过对塑料进行阻燃改性，塑料制品在遇到火源时，其燃烧速度和火焰蔓延速度会显著降低，能够有效预防火灾的发生。

对材料进行阻燃性能测试的方法主要有氧指数法、UL94 中的垂直燃烧试验法、锥形量热仪测试法。

（一）氧指数法

氧指数指的是在规定试验条件下，材料在氧氮混合气流中刚好能保持有焰燃烧状态所需要的最低氧浓度，用百分数表示。氧指数越高，材料就越难燃。一般认为，氧指数＜22%的属于易燃材料，氧指数为 22%～27%的属可燃材料，氧指数＞27%的属难燃材料。

（二）UL94 中的垂直燃烧试验法

UL94 中的垂直燃烧试验根据样品燃烧时间、熔滴是否引燃脱脂棉等试验结果，把聚合物分为HB、V-2、V-1、V-0四个等级。

该试验在无通风试验箱中进行。试样上端（距试样下端6.4 mm的地方）用支架上的夹具夹住，并保持试样垂直。试样下端距灯嘴 9.5 mm，距干燥脱脂棉表面305 mm。将本生灯点燃并调节至产生19 mm高的蓝色火焰，把本生灯火焰置于试样下端，点火10 s，然后移去火焰（离试样至少152 mm远），记下试样有焰燃烧时间。若移去火焰后30 s内试样的火焰熄灭，则必须再次将本生灯移到试样下面，重新点火10 s，然后再次移开本生灯火焰，记下试样的有焰燃烧和无焰燃烧的续燃时间。若试样滴落，让其落在距试样下端 305 mm的脱脂棉上，看其是否引燃脱脂棉。

HB：是UL94标准中最低的阻燃等级。要求对于厚度为3～13 mm的样品，燃烧速度小于40 mm/min；厚度小于3 mm的样品，燃烧速度小于70 mm/min。

V-2：对样品进行两次10 s的燃烧测试后，火焰在30 s内熄灭，可以有燃烧物掉下。

V-1：对样品进行两次10 s的燃烧测试后，火焰在60 s内熄灭，不能有燃烧物掉下。

V-0：对样品进行两次10 s的燃烧测试后，火焰在30 s内熄灭，不能有燃烧物掉下。

（三）锥形量热仪测试法

锥形量热仪是根据氧消耗原理设计的聚合物材料燃烧性能测定仪。由锥形量热仪获得的可燃材料在火灾中的燃烧参数有多种，包括热释放速率、总热释放量、点燃时间、烟及毒性参数和质量变化参数等。通过这些数据，相关人员可以定量地判断材料的燃烧危害性。

五、进行阻燃改性应注意的问题

（一）阻燃剂的选择

不同的塑料和使用环境可能需要不同类型的阻燃剂。在选择阻燃剂时，相关人员需要考虑塑料的类型、预期的防火性能要求，以及塑料应用的环境等因素。阻燃剂应符合环保要求，不能对环境造成污染。随着环保法规的日益严格，低烟、低毒、无卤的阻燃剂逐渐成为市场主流。阻燃剂在添加到被阻燃材料中后，应尽量减少对被阻燃材料力学性能、电性能、耐候性等的影响。同时，阻燃剂不应渗出或迁移，以保证材料的使用寿命。

（二）阻燃剂的添加量

阻燃剂的添加量对于改性效果至关重要。添加过少可能无法达到预期的防火效果，而添加过多则可能会影响塑料的物理性能和加工性能。在达到相同阻燃效果的前提下，添加量少的阻燃剂更为经济，且对被阻燃材料的性能影响更小。因此，应选择那些能够以较少添加量达到良好阻燃效果的阻燃剂，这样可以在保证阻燃效果的同时，减少对被阻燃材料性能的影响。

（三）阻燃剂与塑料基体的相容性

阻燃剂与塑料基体的相容性是一个需要深入考虑的因素。如果阻燃剂与塑料基体不相容，那么可能导致改性后的塑料制品出现质量问题，甚至失去原有的性能。

（四）阻燃剂的热稳定性

阻燃剂的热稳定性是其性能评估中的重要指标之一。一些阻燃剂会在高温下释放有害气体，危害人体健康。良好的热稳定性能够确保阻燃剂在高温环境下持续发挥作用，有效阻止火势的蔓延并减少有毒有害气体的产生。在选择阻燃剂时，需要根据具体应用场景的需求来综合考虑其热稳定性。

（五）成本考虑

阻燃改性会增加塑料制品的生产成本。在进行阻燃改性时，相关人员需要综合考虑成本因素，选择性价比较高的阻燃剂，并确保改性后的产品成本符合预算。虽然高性能的阻燃剂可能价格较高，但其安全性可能更高。因此，应根据具体应用场景和需求来选择合适的阻燃剂。

（六）环境友好性

在选择阻燃剂时，需要考虑其对环境的影响。一些阻燃剂可能会对环境造成污染，影响生态平衡。因此，相关人员需要尽量选择环保型的阻燃剂，以减少对环境的负面影响。

（七）加工性能

阻燃剂的添加可能会影响塑料制品的加工性能。在进行阻燃改性时，相关人员需要充分考虑这一因素，确保改性后的塑料制品仍然具有良好的加工性能。

第二章　改善力学性能的助剂

第一节　抗冲改性剂

一、冲击改性剂的增韧机理与增韧加工方法

冲击改性剂又称增韧剂，是能赋予聚合物材料更好韧性的一类助剂。而材料的增韧应在不影响其他性能，尤其是刚性和拉伸强度，或者至少使这些性能维持原有水平的前提下进行。否则，增韧就失去了意义。

（一）冲击改性剂的增韧机理

冲击改性剂的增韧机理大致包括银纹-剪切带机理、银纹支化理论、逾渗理论，以及剪切屈服和塑性变形机理等。

1.银纹-剪切带机理

橡胶颗粒在增韧体系中发挥两个重要作用：一是作为应力集中的中心，诱发基体产生大量的银纹和剪切带；二是控制银纹的发展，使银纹及时终止而不致发展成破坏性裂纹。银纹尖端的应力场可诱发剪切带，而剪切带也可防止银纹的进一步发展。大量银纹或剪切带的产生和发展要消耗大量能量，因而显著提高了材料的韧性。银纹-剪切带机理既考虑了橡胶颗粒的作用，又考虑了树脂连续相性能的影响。同时，该机理明确了银纹的双重功能：一方面，银纹的产生和发展会消耗大量能量，可提高材料的破裂能；另一方面，银纹又是产生

裂纹并导致材料破坏的先导。

2.银纹支化理论

大量银纹产生是银纹动力学支化的结果。银纹在达到临界长度时会加速产生，同时在达到极限速度后会迅速支化，这使得银纹的数量增加，银纹的前沿应力降低，最终使得银纹终止。此理论解释了分散相颗粒终止银纹发展的机理，是对银纹-剪切带机理的有益补充。

3.逾渗理论

如果分散相粒子相距较远，那么一个粒子周围的应力场对其他粒子的影响就很小。基体应力场是这些孤立粒子应力场的简单总和，故基体塑性变形能力很小，材料表现为脆性。当粒子间距足够小时，基体应力场是分散相应力场的叠加，产生塑性变形的幅度增加，从而使材料表现为韧性。该机理将塑料增韧机理由传统的定性分析层次提高到定量分析层次，是增韧机理发展的又一突破。但其理论模型假设分散相粒子在基体中呈简立方分布，粒子为球形且大小相同，不仅忽略了粒子实际的形状及分布情况，也忽略了粒子与基体间界面相互作用等因素对材料韧性的影响，因此该理论仍有待发展。

4.剪切屈服和塑性变形机理

橡胶颗粒赤道上的应力集中诱发相界面处树脂基体的局部剪切屈服，应力场进一步促使颗粒内部空穴以及基体界面破裂而产生微孔洞。这些空穴或微孔洞发生的塑性体积膨胀，以及橡胶颗粒因“钉锚作用”导致的裂纹桥联对能量的吸收，都是塑料材料增韧的重要影响因素。此外，粗橡胶颗粒可以通过桥联作用增韧，相对较细的颗粒则通过空穴作用诱发剪切带而增韧。

（二）冲击改性剂的增韧加工方法

冲击改性剂的增韧加工方法主要有机械共混法、熔体共混法和共聚法。无论哪一种方法，其目的都是相同的，即以刚性的连续相作为材料基体，在其中分散一定粒度的微细橡胶相，同时要求两相之间在界面上有良好的黏结。

1.机械共混法

机械共混法是一种将诸聚合物及配合组分在混合设备，如高速混合机、双辊开炼机、密炼机及挤出机中均匀混合和混炼，制备出分散度高、均匀度好的聚合物共混物的方法。

2.熔体共混法

最简单实用且应用最普遍的共混方法是熔体共混法，包括用螺杆挤出机共混、用双辊开炼机共混、在密炼机内共混等。混合的均匀性与机械的分散混合效率有关。当熔体共混时，既可直接使用普通橡胶，也可使用接枝橡胶，使用预定弹性体型冲击改性剂更为理想。常温下机械共混法不能发生接枝反应，但高温下的熔体共混法可以发生少量的接枝反应和交联反应，其产品的力学性能虽不及通过共聚法制作的产品，但比常温下通过机械共混法制作的产品要更优异。这种方法简单方便，所需的设备投入也不大，因此是使用最广泛的增韧加工方法。

3.共聚法

共聚法主要用于生产聚合物树脂，是非常理想的改性方法，适合大规模工业化生产。例如，HIPS 是 PS 和丁苯橡胶或顺丁橡胶的接枝共聚物，ABS 是苯乙烯、顺丁橡胶和丙烯腈的接枝共聚物，PPR 是无规共聚聚丙烯。这些材料的力学性能好，拉伸强度、热变形性和抗冲击性能是可以人为控制的。

二、冲击改性剂的分类及常用于 PVC 的增韧剂

（一）冲击改性剂的分类

根据分子内部结构，冲击改性剂可分为如下几类：

1.预定弹性体型冲击改性剂

预定弹性体型冲击改性剂属于核壳结构聚合物，是一种具有独特结构的聚

合物，一般采用分步乳液聚合制得。其核为软状弹性体，赋予制品较好的拉伸性能和抗冲击性能；壳为具有较高玻璃化转变温度的聚合物，主要功能是使改性剂微粒子之间相互隔离，形成可以自由流动的组分颗粒，促使其在聚合物中均匀分散。当受到冲击时，塑料材料出现银纹，冲击改性剂的弹性体粒子起到分散和吸收能量的作用，阻止银纹发展。

2.非预定弹性体型冲击改性剂

非预定弹性体型冲击改性剂属于网状聚合物，其改性机理是以溶剂化作用（增塑作用）机理对塑料进行改性。因此，非预定弹性体型冲击改性剂必须形成一个包覆树脂的弹性网状结构。当受到冲击时，塑料材料出现银纹，弹性网状结构可以吸收冲击能量，阻止银纹发展。

3.过渡型冲击改性剂

过渡型冲击改性剂是指介于预定弹性体型冲击改性剂和非预定弹性体型冲击改性剂之间的冲击改性剂。过渡型冲击改性剂不是以核壳结构的弹性球形式存在的，而是以弹性体的结构形式存在于聚合物中。

4.橡胶类冲击改性剂

橡胶类冲击改性剂的柔性链段起到分散和吸收能量的作用，阻止裂纹发展。这类增韧剂的特点是低温耐冲击性优越，但同时拉伸强度也有所降低，而且不耐老化。

乙丙橡胶、三元乙丙橡胶最适合 PP、HDPE、LDPE 的冲击改性；丁苯橡胶、SBS 最适合 PS 的冲击改性；丁腈橡胶、氯丁橡胶、聚硫橡胶最适合酚醛树脂、环氧树脂、聚酰胺、聚醚类树脂的冲击改性。

（二）常用于 PVC 的增韧剂

1.CPE

CPE 是由 HDPE(高密度聚乙烯)经氯化取代反应制得的高分子材料。作为增韧剂使用的 CPE，来源广、价格低，除具有增韧作用外，还具有耐寒性、耐候性、耐燃性及耐化学药品性等性能，是 PVC 材料制作中占主导地位的冲击改性剂。尤其在 PVC 管材和型材生产中，大多数工厂使用 CPE 作为增韧剂。在具体的加工过程中，CPE 的加入量一般为 5～15 份。CPE 也可以同其他增韧剂协同使用，如橡胶类、EVA 等，效果更好，但橡胶类的助剂不耐老化。

2.ACR

ACR 是甲基丙烯酸甲酯、丙烯酸酯等单体的共聚物，为近年来开发得最好的冲击改性剂，它可使材料的抗冲击性能提升几十倍。

ACR 属于核壳结构的冲击改性剂。其以甲基丙烯酸甲酯、丙烯酸乙酯高聚物组成外壳，以丙烯酸丁酯类交联形成的橡胶弹性体为核。ACR 冲击改性剂特别适用于户外使用的 PVC 塑料制品的冲击改性。

ACR 冲击改性剂与 CPE 冲击改性剂相比，最大的优势是它在改善材料的冲击性能的同时，对材料拉伸强度的影响不大。在 PVC 塑料门窗型材的生产中使用 ACR 冲击改性剂，与使用 CPE 冲击改性剂相比，具有加工性能更好、表面更光洁、耐老化更好、焊角强度更高的优势，但成本比用 CPE 高 1/3 左右。在具体的加工过程中，ACR 的一般用量为 6～10 份。

3.MBS

MBS 是甲基丙烯酸甲酯、丁二烯及苯乙烯三种单体的共聚物。MBS 的溶度参数为 9.4～9.5，与 PVC 的溶度参数接近，因此同 PVC 的相容性较好。它的最大特点是加入 PVC 后可以制成透明的产品。

4.SBS

SBS 为苯乙烯、丁二烯、苯乙烯三元嵌段共聚物，也称为热塑性丁苯橡胶，属于热塑性弹性体。SBS 的主要作用是改善材料的低温耐冲击性。但 SBS 的耐候性差，用 SBS 作为冲击改性剂的塑料制品，不适于长期户外使用。

5.ABS

ABS 为苯乙烯（40%～50%）、丁二烯（25%～30%）、丙烯腈（25%～30%）三元共聚物，主要用作工程塑料，对低温冲击改性效果较好。ABS 加入量达到 50 份时，PVC 的抗冲击性能可与纯 ABS 相当。在具体的加工过程中，ABS 的加入量一般为 5～20 份。ABS 的耐候性差，用 ABS 作为冲击改性剂的塑料制品，不适于长期户外使用，一般也不用于塑料门窗型材的生产。

第二节　增强剂与填料

一、增强剂

增强剂是指添加到聚合物中，提高聚合物材料强度的助剂。获得高强度聚合物材料的主要途径是在聚合物材料中加入纤维类增强剂。聚合物材料中加入纤维类增强剂能大幅度提高其力学强度、尺寸稳定性等，也能较好地保持其韧性和耐疲劳性。这种方法在复合材料生产中被广泛使用。

随着科学技术的不断发展和社会的不断进步，人们对材料性能提出了更高的要求。制造质轻、高强度、坚固、加工成型方便的新型材料，是材料学科的发展方向。

增强剂主要分为玻璃纤维、碳纤维、石棉纤维、炭黑、白炭黑等，第一章第三节已对常见的增强剂进行了详细介绍，此处不再赘述。增强剂的增强作用可通过以下四种作用机理实现：

1.桥联作用

把增强剂加入聚合物材料，通过增加分子间作用力或化学键力，使增强剂与聚合物材料相结合。在增强剂与聚合物互相结合的作用力中，虽然一般化学键力很大，但是它们在结合过程中形成的化学键不多，其主要的结合力还是分子间力，即范德华力。

2.传能作用

由于增强剂与聚合物材料之间桥联结合，当分子链受到应力时，应力可通过这些桥联点向外传递得以分散，使材料不被破坏。

3.补强作用

在较大的应力作用下，如果发生了某一分子链的断裂，与增强剂紧密结合的其他链可起加固作用。

4.增黏作用

在橡胶中加入增强剂后，物体黏度增大，从而增大了内摩擦力。当物体受到外力作用时，这种内摩擦力将吸收更多的能量，从而提高了橡胶的抗撕裂性和耐磨损性。

二、填料

填充剂俗称“填料”，在聚合物材料中加入填料的主要目的是增加容量，降低成本。在满足这些基本条件的同时，填料还能起到一定程度的改性作用，如补强、增加刚性等。

填料是聚合物加工助剂中添加量最多的一种助剂。廉价的填料不但降低了塑料制品的生产成本，提高了树脂的利用率，同时也扩大了树脂的应用范围。经过某些化学物质处理过的填料，容易与树脂混合，并且能保证一定的加工性能和力学性能，具有很好的经济效益。

（一）填料作用原理

填料作为添加剂，主要是通过占据基体材料分子链之间的空隙的方式，对基体材料分子链的运动产生影响，从而导致材料性能的改变。其作用原理主要表现在以下两点：一是与填料相连的基体材料的分子链链段局部被固定，不再占据原来的全部空间。二是由于填料具有尺寸稳定性，在填充的聚合物中，其界面区域内的分子链运动受到限制，从而使填充的聚合物的玻璃化温度上升，热变形温度提高，成型收缩率降低，弹性模量、硬度、刚度提高，某些情况下冲击强度提高。

（二）填料的主要性质

1.密度

填料的密度与其化学组成和形态有关，而填料密度的大小直接影响着填充聚合物材料的重量，使用密度大的填料进行填充的聚合物材料更加密实，常用作隔音材料。填料大都是以粉末态加以应用，所以填料的堆积密度或表观密度会严重影响加工处理流程和进料状态。

2.颗粒大小和形状

填料颗粒的大小、形状与其比表面积及颗粒压实性能一样，都是影响复合材料力学性能的极其重要的因素。一般来讲，薄片状、纤维状、板状填料会使聚合物的加工性变差，但力学强度得到改善；而球状、无定形粉末填料会使聚合物的加工性更好，力学强度变差。另外，填料的多孔性和团聚倾向性也会对聚合物的力学性能造成很大影响。

3.吸油性

填料的吸油性是指填料本身对配方组成中的液体助剂具有一定的吸收能力。填料吸油性的强弱取决于其粒度大小、粒子形状、有无吸附性和表面处理情况。通常为了保持可塑化 PVC 的柔软性和伸长率，相比不加填料的配合体系，添加了填料的配合体系有必要增加增塑剂的用量，这是因为填料本身对增塑剂有一定量的吸收。

4.光学特性

填料最重要的光学特性是颜色。就白色填料来说，颜色指的是白度或亮度。单一填料的白度是纯度的重要指标，通常也决定着填料的价格。但白度对复合材料最终颜色的影响要比材料中不同折射率组分的影响小得多，所以一般采用将填料与白油混合的方式，观察填料的色泽。要对比不同商家所售填料的白度，必须用硫酸钡或氧化镁作为标准白。

5.电气特性

填料的电气特性影响着填料的质量和纯度，影响着塑料的耐电压性、绝缘性等电气性能。含金属杂质或水分的填料能明显降低塑料的电气性能，而用煅烧陶土和云母则能大大提高塑料的电气性能

6.其他特性

填料的化学性能应是惰性的，否则会对填充体系产生影响，如变色、损失强度、损害外观等，从而使其应用受到限制。填料的其他特性还包括尺寸稳定性、耐磨耗性、阻燃性、热传导性、力学强度、耐热性、耐化学性、耐溶剂性、酸碱性等。

（三）主要的填料产品

1.碳酸钙

碳酸钙主要有两种类型，即直接由石灰石等粉碎而得的重质碳酸钙和用沉淀法等方法人工合成的轻质碳酸钙。碳酸钙是最有代表性的白色填料，无味，无毒，色泽较白，可自由着色，而且价格低廉，因此得到广泛应用，成为使用量最大的填料。

碳酸钙可以用于所有聚合物的填充改性。例如，用碳酸钙填充的PVC，既可用于板材、管材、型材等硬制品的制备，也可用于电线包皮、人造革等软质品的制备，制品的色调稳定性得到提高；碳酸钙用于填充 PVC 糊时，可作为黏度调节剂；碳酸钙与 PVC、PP 等聚烯烃树脂复合，可制造钙塑材料。碳酸钙无毒，可用于与食品接触的塑料制品的填充。轻质碳酸钙的吸油值较高，吸增塑剂的量较大，在软质 PVC 中的分散均匀性较差，加入量多时，会降低制品的表面光滑性。可选择与白炭黑并用，提高碳酸钙的分散均匀性。

2.陶土

陶土即黏土，又称高岭土，是以含水硅酸铝为主要成分的硅酸盐之一。陶

土呈层状结构，即二氧化硅层间夹有氢氧化铝、氢氧化镁等。纯高岭土结晶粒子呈六角板状，而多水高岭土结晶粒子呈中空管状或针状等。作为塑料填料的陶土，其结晶粒子最好呈六角板状。

陶土可作为 PVC、PP、聚酯、尼龙和酚醛树脂等塑料的填料，适用于家具、玩具、汽车零件、电线和电缆包皮等制品。煅烧陶土不含水，纯度高，可赋予制品优良的电绝缘性。在聚酯等热固性树脂中填充陶土，可以调节树脂的黏度和成型性，并赋予制品优良的耐化学药品性、弱吸湿性和良好的介电性能，制品的抗龟裂性能也会得到提升。陶土无毒，可用于与食品接触的塑料制品的填充。

3.滑石粉

滑石粉的主要成分为水合硅酸镁，由天然滑石精制而得。滑石粉为白色或浅黄色单斜晶体，常呈鳞片状，并含有纤维状物，呈惰性，质地柔软，具有良好的润滑性、耐火性和电绝缘性。在聚合物中填充滑石粉可以提高聚合物的刚性，增强其尺寸稳定性。滑石粉也可作为树脂熔融黏度的调节剂，防止模塑件的高温蠕变。另外，在树脂中添加滑石粉，能增加塑模的周转次数。鳞片状滑石粉有提高耐电弧性的效果。滑石粉多用于耐酸制品、耐碱制品、耐热制品及绝缘制品的生产，但用量多时不利于塑料的焊接。因滑石粉的折射率与 PVC 相近，故其可用于半透明塑料制品的生产。

4.白炭黑

白炭黑的主要成分为二氧化硅，呈纯白色微细粉末状。白炭黑作为填料，可改善塑料的加工性能。例如，将白炭黑用于 PE 薄膜中，可以防止其黏连，若与抗黏连剂并用，则填充效果更好；在 PP 或 PE 薄膜加工中加入少量的白炭黑，还可改善其透明性；白炭黑可以起到成核剂的作用，减小球晶直径，从而提高球晶的透明性；适量的白炭黑可以提高填充材料的拉伸强度和硬度，改善增塑剂的迁移性，并且有助于颜料的分散。

5.硫酸钡

硫酸钡可分为两种，一种是天然硫酸钡，即重晶石粉；另一种是人工合成的硫酸钡，也叫沉淀硫酸钡。重晶石粉是白色或灰色粉末，颗粒较大，纯度最高可达95%，一般含杂质较多。而沉淀硫酸钡为无定形白色粉末，粒径较小，纯度＞98%。硫酸钡作为塑料填料，可使制品表面平滑，且富有光泽；在酚醛树脂中添加硫酸钡，可提高酚醛树脂的硬度和耐酸性；硫酸钡还可提高材料的耐腐蚀性；X光不能穿透硫酸钡，因此硫酸钡可用于医疗器具的制备。此外，硫酸钡与着色剂并用，可提高着色剂的覆盖力。

6.硫酸钙和亚硫酸钙

硫酸钙又称石膏，分为天然石膏、硬石膏和化学沉降硫酸钙等品种。含2个结晶水的硫酸钙为不溶于碱的稳定化合物，在 120～130 ℃条件下失水形成半结晶水硫酸钙，在更高温度条件下则失去全部结晶水成为无结晶水硫酸钙。在塑料中作为填料应用的主要是无结晶水硫酸钙，其有利于提高制品的尺寸稳定性，降低成本。近年出现的纤维硫酸钙，呈棒状或短晶须状，白度高，无毒无味，可广泛用于填充与食品接触的塑料制品。

第三节　偶联剂与成核剂

一、偶联剂

第一章第二节具体介绍了偶联剂的概念、分子结构特点，以及偶联剂的主要种类，如硅烷偶联剂、钛酸酯偶联剂、铝酸酯偶联剂。此处不再展开论述。下面主要介绍偶联剂的作用原理及应用。

（一）偶联剂的作用原理

在聚合物材料生产和加工过程中，亲水性的无机填料与聚合物会表现出不相容的现象，使用偶联剂可以改善无机填料在聚合物基体中的分散状态，使无机填料与聚合物更好地结合，从而提高填充聚合物材料的力学性能和使用性能。

由于填料和增强剂与聚合物间呈现不相容的状态，它们和聚合物的相界面间结合力直接影响到制品的力学性能，因而填料和增强剂表面的有机化处理就变得十分重要。偶联剂的作用就是经过特殊的处理，对无机物的表面进行有机化改性，将有机分子以物理或化学的方式吸附或键合到无机物表面。这种表面有机化改性又分为物理包覆和化学包覆。如果填料表面包覆的有机分子以物理方式黏合的，这种包覆方式即为物理包覆。如果采用化学键合的方式，利用双官能分子，以化学键的方式将填料表面和聚合物分子连接起来，这种包覆方式即为化学包覆。

偶联剂能将原来不易结合的材料较牢固地结合起来。例如，玻璃纤维增强塑料是由增强材料玻璃纤维（无机物）与有机树脂构成，它们之间界面的结合力直接影响到制品的力学性能、电气性能、耐化学性和耐热性，甚至会影响耐水性、耐老化性等。无机增强材料或填料（极性物）与非极性的聚合物，如PP、PE 等复合时，由于它们在性质上的巨大差异，在微观结构上两相的结合面上会出现许多空隙，这些空隙会严重影响复合材料的性能。偶联剂可将无机增强材料或填料与非极性的聚合物“偶联”起来，减少两相结合面上的空隙，使两相得到牢固结合，从而使材料的许多性能，特别是力学性能得到极大改善。

（二）偶联剂的应用

偶联剂可适用于若干种高分子聚合物和不同的填料，而同一种树脂也可适用几种偶联剂。偶联剂的应用主要体现在以下几个方面：

1.在玻璃纤维增强塑料和填充塑料方面的应用

经偶联剂处理过的玻璃纤维或一些填料（碳酸钙、滑石粉、硅灰石等），能使填充体系的性能得到改善。这是由于偶联剂具有以下作用：

①使增强材料或填料的混合分散性提高。

②改变增强材料或填料表面的亲水性，使增强材料或填料表面成为亲油性的表面。

③附着在填料表面的偶联剂的有机基团可以进入热固性树脂的交联结构，也可以通过物理缠结或化学键合的方式，与热塑性高分子聚合物联结。

④玻璃纤维或填料与树脂的牢固结合，能使所受的力从高分子聚合物传到玻璃纤维或填料上，从而改善抗外力性能。

使用偶联剂后，玻璃纤维表面具有了亲油性，树脂与玻璃纤维的浸润性得到改善，玻璃纤维与树脂的黏合面上还会产生化学键，使水分不易破坏黏合面，从而使材料的耐水性提高。在实际应用中，偶联剂还可以提高玻璃纤维增强塑料在潮湿条件下的耐老化性能。

2.在黏结剂中的增黏应用

偶联剂具有的偶联作用，可使黏结剂的黏结强度（剥离强度）得到提高。例如，在聚氨酯黏结剂和环氧黏结剂中加入偶联剂，材料的黏结强度会得到十分明显的提升。近年来出现的硅烷过氧化物型的偶联剂，如乙烯基三叔丁基过氧硅烷，对许多树脂具有良好的增黏作用。此外，离子型偶联剂，如含环氧基、氨基的硅烷偶联剂，一般都有很好的增黏作用。

3.提高着色剂的分散性

偶联剂能够使颜料和填料在树脂体系中分散得更均匀，提高颜料和填料的遮盖力和着色牢度。例如，经钛酸酯偶联剂处理的二氧化钛填料，其遮盖力可提高 20%；钛酸酯偶联剂可使酞菁蓝的着色牢度增加约 30%。

4.在其他方面的应用

经偶联剂处理的抗氧剂，一方面在树脂中的相容性有所提高；另一方面其挥发损失也有所减少，从而延长抗氧剂的氧化诱导期，提高制品的耐老化性能。钛酸酯偶联剂可提高发泡剂的发气量。例如，在 190 ℃条件下，经过钛酸酯偶联剂处理的发泡剂 AC（偶氮二甲酰胺），其发气量能增加 60%左右。另外，钛酸酯偶联剂能降低填充体系的熔体黏度，这是由于其具有增塑作用。硅烷偶联剂在提高填充体系弹性的同时，能提高其耐磨性，并改善某些弹性体的动态发热性能。

二、成核剂

成核剂是可以改变结晶聚合物在冷却过程中的结晶行为的助剂，具有提高结晶率、改变结晶形态和球晶尺寸的功能，能够提高制品的加工性能和应用性能。这种通过改变结晶聚合物的结晶行为、结晶形态和球晶尺寸等方式实现聚合物改性的途径被称为聚合物结晶改性。成核剂的应用提高了制品的透明度和表面光泽度，提升了制品的拉伸强度、刚性、热变形温度、抗冲击性、抗蠕变性等物理机械性能。

对于不完全结晶的聚合物（如聚烯烃、聚酰胺等）而言，其冷却过程中的结晶行为及晶粒结构直接影响制品的应用性能。结晶速度的提高能够促使结晶过程迅速完成，有利于缩短制品成型周期，并保证最终制品的尺寸稳定性；而晶粒结构的微细化则赋予制品良好的物理机械性能。聚合物的结晶过程是一个复杂的物理过程，结晶行为和性能不仅取决于聚合物本身的结构特征，而且与聚合物熔体的热经历、受力状况、异相晶核的存在与否等因素密切相关。结晶改性是当今世界通用塑料工程化、工程塑料高性能化的重要内容，是聚合物改性体系中的重要组成部分。

（一）成核剂结晶改性原理

聚合物结晶要经过晶核形成和球晶生长两个阶段。在成核阶段，高分子链段规则排列形成一个足够大的、热力学上稳定的晶核，晶核发展最终形成球晶。

按照结晶过程是否存在异相晶核，成核方式可以分为均相成核和异相成核。均相成核是指处于无定形态的聚合物熔体由于温度的降低，而自发地形成晶核的成核方式。

异相成核是指在聚合物熔体中添加一些固相的“杂质”，即成核剂，在成核剂表面吸附聚合物分子形成晶核的成核方式。具有中等晶核增长速度的聚合物，如尼龙 6、等规 PP 和 PET，进行异相成核和非热成核的响应性较强。而结晶速度极低的聚合物，如 PC，在一般的冷却条件下常常导致非结晶体的形成。异相成核方式能够提供更多的晶核，在球晶生长速度一定的情况下加快了聚合物的结晶速度，减小了球晶的尺寸，并提高了聚合物的结晶率和结晶温度。而且，异相成核方式能够改变树脂的结晶形态，从而直接影响聚合物材料的加工性能和应用性能，赋予制品新的功能。使用成核剂进行异相成核结晶，实际上是引导聚合物结晶向一定的晶型和速率进行，这是聚合物结晶改性的理论基础。

（二）成核剂的特性和主要类别

成核剂不会对所有聚合物的结晶速率都产生显著的影响。例如，HDPE 的晶体生长速率极高，成核容易，聚合物晶核一旦形成就会迅速成长，因此成核剂对 HDPE 的结晶过程影响不明显；对于 PC 这样结晶速率极低的聚合物，成核剂发挥的结晶作用也不明显。但像 PP 这样的聚合物，晶体生长速率较高，而且自身不易成核，因此，成核剂对 PP 发挥的结晶作用就十分明显，它不仅可以提高 PP 的结晶率、结晶温度、结晶速率，还可以改变 PP 的晶型。

1.成核剂的特性

成核剂通常应具备如下特性：

一是在加工温度下稳定，不发生分解反应。

二是在聚合物中的分散性好。

三是有机成核剂熔点适当，在加工温度下可以完全熔融。

四是无机成核剂的尺寸合适，纳米级尺寸最佳。

五是与树脂相容性维持在较高的水平，以充分发挥成核剂的作用。

2.成核剂的主要类别

根据自身化学结构不同，成核剂可分为无机成核剂和有机成核剂；根据用途的不同，成核剂可以分为标准型成核剂、透明型成核剂、增强型成核剂和特殊型成核剂；根据结晶形态的不同，成核剂又可以分为 α 晶型成核剂和 β 晶型成核剂。以下仅对 α 晶型成核剂和 β 晶型成核剂进行简要介绍：

（1）α 晶型成核剂

该类成核剂主要提高制品的透明度、表面光泽度、刚性、热变形温度等，又有透明剂、增透剂、增刚剂之称。

（2）β 晶型成核剂

该类成核剂旨在获得高 β 晶型含量的 PP 制品。其优点是可以在提高制品抗冲击性的同时，不降低甚至提高制品的热变形温度，使制品的抗冲击性和耐热变形性得到兼顾。

第四节 相容剂

一、相容剂简介

相容剂又称增容剂，是指借助于分子间的键合力，促使不相容的两种聚合物结合在一体，进而得到稳定的共混物的助剂。相容剂是制备高分子合金材料的重要助剂。材料综合性能的好坏在很大程度上依赖于相容剂的选择。

高分子合金材料是两种或两种以上具有不同性质的材料经共混，并采用相应的相容化技术而得到的多相多组分体系。研究制备高分子合金的目的是使材料实现高性能化或功能化。然而，由于大部分不同种类的高分子树脂之间在热力学角度上属于不相容体系或者部分相容体系，单纯的混合混炼只能导致不同体系产生宏观相分离，不仅不能达到所求的效果，而且会使材料失去使用价值。增容剂的使用可以增加不同体系宏观相的相容性，并且对其微观相态结构起到很好的调整作用，从而使共混材料实现高性能化和功能化。

高分子合金材料并不是简单的两个或更多体系混合。进行相容体系的混合，只能得到两种之间的性能。而进行非相容体系的混合，如果不通过相容化技术改变其相分离过程，有效地控制体系相形态，使其形成一种宏观上均匀、微观上相分离的体系的话，只能导致体系产生宏观相分离，根本不能达到所求的目的。采用相容化技术，实际上是改变体系中的相界面，使之有较小的界面张力和较大的缠结力，从而使相界面进行较好的应力传递而产生协同效应，只有这样，材料的性能才能有较大程度的提高。

高分子体系的相容化一般需要三个条件，即添加相容剂、提供适当的剪切强度、提供适宜的温度条件。由于温度条件，剪切强度条件，塑料材料的种类、分子量、分子结构，以及混炼机械设备等因素存在相关性，因此相容剂只是其中作用因素之一。

二、常见的反应型相容剂

由第一章第一节可知，相容剂可分为非反应型相容剂和反应型相容剂。这里对常见的反应型相容剂种类做简单介绍：

1.酸酐型相容剂

酸酐型相容剂以马来酸酐接枝到聚烯烃上的相容剂为主，主要应用于聚烯烃塑料的改性。以马来酸酐为单体的二元或多元共聚反应型相容剂，可应用于PA/PC、ABS/GF、PA/ABS的改性、共混或合金，一般用量为5%～8%。

2.羧酸型相容剂

羧酸型相容剂中的代表产品为丙烯酸型相容剂。丙烯酸型相容剂通常是将丙烯酸接枝到聚烯烃树脂上，其用途大体与马来酸酐接枝相容剂相同。

3.环氧型相容剂

环氧型相容剂是由环氧树脂或具有环氧基的化合物与其他聚合物接枝共聚而成的，一般可用 GMA（甲基丙烯酸缩水甘油酯）作为单体。环氧基具有较高的反应活性，在PBT或PET等聚酯合金制备中起着十分重要的作用。

4.噁唑啉型相容剂

该类相容剂不仅能与一般的含氨基或羧基的聚合物反应，还可与含羰基、酸酐、环氧基团的聚合物反应，生成接枝共聚物。因此，该类相容剂应用领域较广，可以用于多种工程塑料的改性、共混和合金。这类相容剂成本较高，对环氧基、酸酐基等有较好的反应活性，其作用效果好于环氧型相容剂。

5.酰亚胺型

该类相容剂为改性聚丙烯酸酯化合物，主要适用于PA/PO、PC/PO、PA/PC等工程塑料合金或共混。

6.异氰酸酯型

该类相容剂可用于含有氨基及羧基的工程塑料合金制作。

7.低分子型相容剂

低分子型相容剂是带有反应型基团的小分子量聚合物，其中包括一些能与一个树脂分子链相容的小分子量分子链，而反应型基团能与另一个树脂分子链发生反应、交联或键合，从而形成具有高分子合金特性的有机化合物。这样，不仅简化了制造塑料合金的过程，而且原料易得、成本较低。

三、在使用相容剂时应注意的问题

一是相容剂的分子量应比被相容的树脂分子量小，这样才能有利于相容剂向分散相粒子表面扩散。

二是嵌段型相容剂的效果好于接枝相容剂，侧链长的相容剂效果好于侧链短的相容剂。

三是在共混条件方面，溶液共混比熔融共混更有利于相容剂的扩散；合适的温度与剪切强度是熔融共混的重要条件。

反应型相容剂的作用效率较高，但必须注意其在体系中引起的副反应，这些副反应主要来自引发剂的残留。引发剂引发的链交联反应和分解反应，会造成合金材料分子量减小，可能导致其韧性变差。

四、相容剂的应用领域

（一）应用于塑料合金材料

相容剂的使用为制备塑料合金材料提供了基础。相容剂对塑料合金材料的微观相态结构能起到很好的调整和控制作用，使共混材料实现高性能化和功能化。相容剂广泛应用于 PP/PE、PP/PA、PA/PS、PA/ABS、ABS/PC、PBT/PA、PET/PA、PP/POE、TPE/PU 等合金体系。

（二）应用于聚合物的改性

相容剂以活跃自由基、羧基形式渗入非极性与极性聚合物之间，将非极性聚合物改性为极性聚合物，再使其与极性聚合物共混，进而使这两者之间发生反应，而获得良好的共混改性效果。

（三）应用于废旧塑料的处理

利用相容剂处理品种掺杂的废旧塑料，使之成为新的塑料合金或新的改性塑料，是比较好的废物综合利用的办法，有助于解决“白色污染”问题，具有明显的社会效益和经济效益。

（四）应用于塑料与填料的偶联

相容剂又称大分子偶联剂，可以与高分子聚合物相容。因此，相容剂对聚合物与填料之间的偶联效果优异，可用于 PE/$CaCO_3$、PE/滑石粉、PA/GF 等偶联处理，效果显著。

（五）应用于极性树脂的增韧

热塑性弹性体具有良好的柔软性、高弹性和低温性能。一定量的相容剂可使热塑性弹性体与增韧基体之间形成良好的相容体系，从而使热塑性弹性体可以作为 PP、PE、PS、PA、PC 等塑料的增韧剂。

此外，相容剂还可用于提高塑料的抗静电性、印刷性、光泽性等性能。

第五节　交联剂

交联剂是指能使线型聚合物分子转化成网状或体型聚合物分子的一类化合物。聚合物的交联反应在聚合物加工中有着十分重要的地位，对不同类型的聚合物有不同的作用。在热塑性树脂中，交联剂的作用是使分子链进行交联或发生接枝反应，提高熔体强度，提高制品拉伸强度，改善制品热性能等。对于热固性树脂，其分子量比较小，人们在使用它时通常会加入一定量的交联剂，使之交联成为固体。在这种场合，交联剂又称固化剂。

一、交联剂的作用机理

交联剂的作用机理因高分子化合物的结构和交联剂的种类而有所不同。以下仅讨论有机交联剂与高分子化合物发生交联反应的三种机理：

（一）交联剂引发自由基反应

在这类交联反应中，交联剂分解产生自由基，这些自由基引发高分子自由基链式反应，从而导致高分子链发生 C–C 键交联。在这里，交联剂实际上起的是引发剂的作用。以这种作用机理进行交联的交联剂主要是有机过氧化物，它既可以引发不饱和聚合物交联，也可以引发饱和聚合物交联。

（二）交联剂的官能团与高分子聚合物反应

该作用机理是指利用交联剂分子中的官能团与高分子化合物进行反应，把交联剂作为桥基，将分子交联起来。这种交联方式是热固性树脂固化所采用的主要形式。

（三）交联剂引发自由基反应和交联剂官能团反应相结合

这种作用机理实际上是前述两种作用机理的结合，它将自由基引发剂和官能团化合物联合起来使用。例如，用有机过氧化物和不饱和单体来使不饱和聚酯进行交联就是一个典型的例子。

不饱和聚酯的种类很多，但它们的分子链上都含有碳碳双键结构。用不饱和聚酯制造玻璃钢时，可以在不饱和聚酯中加入有机过氧化物（如过氧化苯甲酰、过氧化环己酮等）以及少量的苯乙烯。在这种情况下，由于有机过氧化物的引发作用，苯乙烯分子中的碳碳双键与不饱和聚酯中的碳碳双键发生自由基加成反应，从而把聚酯的分子链交联起来。交联后，聚酯就由线型结构变成体型结构，因而硬化。

二、交联剂的主要品种

（一）有机过氧化物交联剂

有机过氧化物交联剂在引发乙烯基化合物聚合的过程中具有重要作用。在聚合物交联反应中，利用聚合物的双键、叔碳原子上的氢等易反应的部位，由过氧化物分解提供的自由基引发链引发反应，达到分子链交联的目的；或者加入有特性的不饱和单体进行接枝反应。这些方式是聚合物改性的重要手段。

有机过氧化物交联剂的常见品种如下：

1.过氧化二异丙苯

密度 1.08 g/cm^3，熔点 42 ℃，分解温度 120～125 ℃，折射率 1.54，常和氧化锌并用，能提高制品的强度及耐老化性。

2.过氧化环己酮

外观为白色糊状液体，分解温度 174 ℃，在工业上常用于不饱和树脂玻璃钢的生产加工。

3.过氧化苯甲酰

外观为白色粉末，熔点 103～106 ℃，分解温度 133 ℃，极不稳定，不溶于水，微溶于溶剂。

4.二叔丁基过氧化物

外观为微黄色透明液体，密度 0.8 g/cm^3，沸点 111 ℃，燃点 183 ℃，折射率 1.4，在工业上常用作硅胶树脂的固化剂。

（二）环氧树脂固化剂

环氧树脂固化剂是指与具有线性结构的环氧树脂分子中的环氧基团发生化学反应，使之固化形成三维立体网状结构的助剂。环氧树脂固化剂种类繁多，分为反应型固化剂和催化型固化剂。反应型固化剂可与环氧树脂进行加成聚合反应，并通过逐步聚合反应的历程使环氧树脂交联成体型网状结构。反应型固化剂一般都含有活泼的氢原子，在反应过程中伴有氢原子的转移。催化型固化剂可引发树脂分子中的环氧基按阳离子或阴离子聚合的历程进行固化反应。

根据化学结构的不同，环氧树脂固化剂也可以分为胺类固化剂、酸酐类固化剂、树脂类固化剂、咪唑类固化剂及潜伏性固化剂等。比较常用的为胺类固化剂和酸酐类固化剂。

1.胺类固化剂

胺类固化剂包括脂肪族多元胺固化剂、脂环族多元胺固化剂、芳香族多元胺固化剂、聚醚胺固化剂、聚酰胺固化剂等。在众多胺类固化剂中，脂肪族多元胺固化剂和芳香族多元胺固化剂是使用比较普遍的两种。

（1）脂肪族多元胺固化剂

包括乙二胺、二乙烯三胺、三乙烯四胺、四乙烯五胺、多乙烯多胺等。

脂肪族多元胺固化剂的特点如下：

①活性高，可室温固化。

②反应剧烈，适用期短。

③一般需要经过后固化的过程，后固化会使制品性能更好。

④固化物的热变形温度较低。

⑤固化物脆性较大。

⑥挥发性和毒性较大。

脂肪族多元胺固化剂通常并不直接用作涂料的固化剂，而是通过加成或缩合反应，引入新的分子结构进行改性后使用。

（2）脂环族多元胺固化剂

脂环族多元胺固化剂多数为低黏度液体，适用期比脂肪族多元胺固化剂长。固化物的透明性好、耐候性好、机械强度高；改性后的产品可室温固化。

脂环族多元胺固化剂通常也并不直接用作涂料的固化剂，也是通过加成或缩合反应，引入新的分子结构进行改性后使用。

（3）芳香族多元胺固化剂

芳香族多元胺固化剂的优点在于：以芳香族多元胺为固化剂的固化物耐热性、耐化学药品性、机械强度均比以脂肪族多元胺为固化剂的固化物好。缺点在于：活性低，大多需加热后固化；大多为固体，熔点较高。

芳香族多元胺固化剂无法直接作为涂料的常温固化剂，而是在液化后，可作为中底涂的固化剂。

（4）聚醚胺固化剂

聚醚胺固化剂是一类主链为聚醚结构，末端活性官能团为胺基的聚合物。聚醚胺是通过聚乙二醇、聚丙二醇或者乙二醇/丙二醇共聚物在高温高压下氨化得到的。选择不同的聚氧化烷基结构，可调节聚醚胺的反应活性、韧性、黏度以及亲水性等一系列性能，而胺基为聚醚胺提供了其与多种化合物发生反应的可能性，其特殊的分子结构赋予了聚醚胺优异的综合性能。

（5）聚酰胺固化剂

聚酰胺固化剂由二聚植物油脂肪酸和脂肪族多元胺缩聚而成，其优点在于：挥发性和毒性很小，与环氧树脂相容性良好，化学计量要求不严，对固化物有很好的增韧效果，放热效应不显著，适用期较长。缺点在于：固化反应活性不高，低温固化性差；以其为固化剂的固化物耐热性、耐化学药品性和耐溶剂性均较差，黏度大。必要时，可和其他高活性固化剂并用或加入促进剂。

2.酸酐类固化剂

酸酐类固化剂是固化剂中用量较大、应用范围较广的重要品种。

酸酐类固化剂的固化反应分为无促进剂存在和有促进剂存在两种情况。在无促进剂存在的情况下，首先是环氧树脂中的羟基使酸酐开环，生成单酯和羧酸；羧酸对环氧基加成，生成二酯和羟基；酯化生成的羟基与酸酐继续发生反应。开环、酯化反应不断进行下去，直至环氧树脂交联固化。在有促进剂存在的情况下，酸酐容易生成羧酸盐阴离子，此羧酸盐阴离子与环氧基反应生成烷氧阴离子；烷氧阴离子与别的酸酐反应，再生成羧酸盐阴离子。反应依次进行下去，逐步进行加成聚合，最终使环氧树脂固化。

用酸酐类固化剂时，一个酸酐开环只能与一个环氧基反应。酸酐类固化剂挥发性小，对人体皮肤刺激小，毒性小。一般使用期长，有利于工艺操作。其与环氧树脂固化生成的固化物，电性能优异，体积收缩小，色泽较浅，耐热性较好。

按照化学结构，酸酐类固化剂可分为芳香族酸酐（如邻苯二甲酸酐）、脂环族酸酐（如顺丁烯二酸酐）、长链脂肪族酸酐（如聚壬二酸酐）、卤代酸酐（如四溴苯酐）和酸酐加成物（如偏苯三酸酐）等。下面简要介绍邻苯二甲酸酐和顺丁烯二酸酐：

（1）邻苯二甲酸酐

简称苯酐，是邻苯二甲酸分子内脱水形成的环状酸酐。外观为白色固体，是重要的化工原料，主要用作环氧树脂的固化剂。

（2）顺丁烯二酸酐

又名马来酸酐或失水苹果酸酐，简称顺酐。外观为无色结晶，有强烈刺激性气味，常用作环氧树脂的固化剂，也用于不饱和聚酯树脂、环氧树脂、醇酸树脂等的生产加工。

第三章 稳定化助剂

第一节 抗氧剂

塑料制品在氧分子的作用下容易发生老化现象，其原因是氧分子使聚合物的分子链发生断裂、交联，并产生一些含氧基团。抗氧剂是一类化学物质，当其在聚合物中少量存在时，可以延缓或阻止聚合物的氧化过程，从而延长聚合物的使用寿命，因此也被称为防老剂。

一、高分子材料的热氧老化

高分子材料在热的作用下发生的氧化称作热氧化，因热氧化引起的老化称作热氧老化。

（一）高分子材料热氧老化的影响因素

1.温度

高温下，氧化反应速度会变快，导致高分子材料加速老化。

2.光照

紫外线和可见光辐射会诱发氧化反应，从而加速高分子材料老化。

3.湿度

湿度较高的环境会加速高分子材料中的水解反应，导致高分子材料热氧老化。

4.材料结构

不同结构的高分子材料，对热氧化和热氧老化反应的敏感度不同。

5.外界污染物

空气中的细菌、酸性物质等会加剧高分子材料的热氧化和热氧老化。

（二）高分子材料热氧老化的表现形式

1.外观变化

高分子材料的颜色、光泽等变得不均匀，出现污渍、斑点、银纹、裂缝、喷霜、粉化、黏连、翘曲、起皱、收缩、焦烧、光学畸变等现象。

2.力学性能变化

高分子材料的拉伸强度、韧性、硬度、剪切强度等性能会慢慢降低。

3.化学性质变化

高分子材料在热氧化及热氧老化过程中，会出现分子量减小、水分含量增加等变化。

4.电性能变化

高分子材料在电绝缘性能方面，例如表面电阻、体积电阻、介电常数、电击穿强度等，会发生变化。

（三）高分子材料热氧老化的步骤

实验证明，高分子材料的热氧老化过程是按照自由基连锁反应机理进行的。热氧老化反应包括链引发、链传递和链终止这三个步骤。这一反应具有自动催化氧化的特征，反应一经引发，就能自动进行，并达到最大速度。

1.链引发

凡是能够产生自由基的反应，都是自动催化氧化的链引发反应。在热的作用下，聚合物结构中最薄弱的碳氢键发生断裂，产生自由基。氧化初期生成的氢过氧化物在一定温度下吸收了足够的热能后，也可以发生分解，从而产生自由基。在氢过氧化物形成之前，还有可能发生分子氧直接攻击分子链而产生自由基的反应。

链引发是整个热氧老化过程中最难进行的一步，反应的速度取决于高分子聚合物的化学结构和外界条件。

2.链传递

链传递是由一个自由基产生另一个自由基的过程，这类反应能够自动进行，是自动氧化反应的特点。氧化初期生成的高分子自由基与氧分子很快结合，产生高分子过氧自由基。由于叔碳原子上的碳氢键的键能较低，高分子过氧自由基在聚合物内首先夺取碳原子上的氢原子，生成高分子氢过氧化物。高分子氢过氧化物一方面在体系中积累，另一方面又分裂产生新的自由基。新的自由基继续与聚合物发生反应，形成链的增殖。因此，我们可以认为，氢过氧化物的形成和分裂是自动催化氧化反应的主要原因。

3.链终止

如果自由基相互结合，并形成了稳定结构，自动氧化反应就会终止，在不加抗氧剂的情况下，反应过程中产生的自由基相互结合是主要的终止方式。

由高分子材料的热氧化机理可知，在热氧化过程中产生的不稳定自由基和氢过氧化物是使材料性能劣化的主要因素。因此，抗氧剂必须是能够终止活性自由基及氢过氧化物分解的物质。

二、抗氧剂的作用机理

抗氧剂可分为主抗氧剂和辅助抗氧剂两类。其中，主抗氧剂的作用是终止活性自由基，故也可称为链终止型抗氧剂；而辅助抗氧剂的作用是分解氢过氧化物，从而抑制或减缓活性自由基的生成，又称为预防型抗氧剂。另外，由于重金属离子能够对氧化降解反应起催化作用，所以能够钝化金属离子的物质

（一般称为金属离子钝化剂）也能起到抑制聚合物氧化降解的作用，属于辅助抗氧剂。

（一）主抗氧剂的作用机理

主抗氧剂能与高分子自由基和高分子过氧自由基发生作用，从而中断自由基型氧化降解反应的链传递。主抗氧剂在多数情况下是按照氢原子转移的方式进行反应，但也有发生加成和电子转移的方式。具体作用机理如下：

1.氢原子给予体

抗氧剂中所含基团可以将其中的活性氢原子转移出去，并与聚合物争夺过氧自由基，使过氧自由基反应终止，从而减慢聚合物自动氧化降解的速度。在反应过程中，其还能同时生成稳定的抗氧剂自由基，该自由基能够捕获其他的活性自由基，故能够终止第二个活性链。

2.自由基捕获体

凡是能够与自由基反应，生成不能再引发氧化反应的物质，都称为自由基捕获体。例如，苯醌和多核芳烃都能够通过加成反应捕获自由基。

反应后所得到的抗氧剂自由基可进一步反应，如二聚、歧化或与另一自由基反应而生成稳定性化合物，不再引发自由基链反应。

3.电子给予体

叔胺类化合物分子中虽然不含能够转移其中的氢原子的基团，但它们也具有抗氧能力，原因是叔胺与过氧自由基相遇时，能够向自由基提供一个电子。由于电子的转移，过氧自由基转变成活性较低的阴离子，从而中断了自由基型链式反应。

此外，变价金属离子在某种条件下也具有抑制制品氧化的作用，其原因仍然是电子转移。

（二）辅助抗氧剂的作用机理

辅助抗氧剂可将主抗氧剂生成的仍具有一定活性的氢过氧化物分解，使其不再重新引发自动氧化反应。另外，辅助抗氧剂能够抑制、延缓引发过程中自由基的生成，钝化残存于聚合物中的金属离子。亚磷酸酯类和有机硫化物等辅助抗氧剂都属于氢过氧化物分解剂。

三、塑料中常用的抗氧剂

（一）酚类抗氧剂

酚类抗氧剂无毒或低毒，具有不变色和不污染制品的特点，所以被广泛地应用于塑料中。常用的酚类抗氧剂有以下几种：

1.抗氧剂 264

抗氧剂 264 是一种白色结晶或淡黄色粉末，熔点为 70 ℃，沸点为 257～265 ℃。易溶于苯、醇、丙酮，几乎不溶于水和稀释液。在使用过程中不变色，无毒、无臭、无味，因此可用于食品包装材料的生产加工，用量一般低于 1%。与此相类似的还有抗氧剂 1076 等品种。

2.抗氧剂 2246

抗氧剂 2246 是一种白色或乳白色结晶粉末，熔点为 125～133 ℃。其易溶于丙酮、乙酸乙酯、四氯化碳和苯，不溶于水。抗氧剂 2246 是一种效果比较好的双酚类抗氧剂，毒性低，无污染性，可用于浅色制品。它在 PO、PA、POM、PS 及苯乙烯共聚物中的用量为 0.5%～1.0%。

3.抗氧剂 CA

抗氧剂 CA 是一种白色结晶粉末，熔点为 185～188 ℃，不溶于水，溶于苯、乙醇、乙醚、四氯化碳，不易挥发，无味、无臭、不污染、无毒，耐热性好，加工性能稳定，具有较好的抗热氧化性，并兼有抑制铜离子催化作用的功能。其适用于 PP、PE、ABS、PVC、POM 等塑料，并可用于与铜接触的电线的生产加工。抗氧剂 CA 在塑料中的用量为 0.02%～0.5%。

4.抗氧剂 1010

抗氧剂 1010 是一种白色或微黄色粉末，可溶于苯、丙酮、氯仿，微溶于甲醇、乙醇，不溶于水，熔点为 118～125 ℃。抗氧剂 1010 被广泛应用于 PP、PE、PVC、PA、PU、POM、ABS 等塑料的生产加工，其用量一般为 0.1%～0.5%。

（二）胺类抗氧剂

胺类抗氧剂是使用历史最长、效果最好的一种抗氧剂，其对氧和臭氧的防护作用很好，对热、光以及铜离子的防护作用也很突出，因而被广泛地应用于橡胶工业，也常被称为防老剂。但是，这一类抗氧剂在加工及使用中易变色，容易污染制品，而且具有毒性，因此在塑料工业中主要用于制作一些本色较深及不怕污染的塑料制品。常用的胺类抗氧剂有以下几种：

1.抗氧剂 DNP

抗氧剂 DNP 为浅灰色粉末，易溶于热苯胺、硝基苯，不易溶于苯、乙酸乙酯、丙酮、乙醇、氯甲烷，不溶于汽油、四氯化碳、水，熔点为 225～235 ℃。本品可用于制作塑料和橡胶制品，而且可作为铜、锰等有害金属的抑制剂，用于 PP、ABS、PA1010 等塑料中可以取得良好的稳定效果。一般用量为 0.5%～2%，如果超过 2%，就可能导致喷霜。

2.抗氧剂 H

抗氧剂 H 是一种灰褐色粉末，纯品为银白色片状结晶，可溶于苯、甲酮、丙酮、乙醚，微溶于乙醇和汽油，不溶于水，熔点为 150 ℃。本品可用于制作塑料和橡胶制品，具有良好的耐挠曲性和耐龟裂性。但是，抗氧剂 H 有污染性，且易变色。在塑料加工领域，抗氧剂 H 主要用于 ABS、POM、PA 等塑料的生产加工，用量一般为0.2%～1%。

（三）二价硫代物

二价硫代物一般是氢过氧化物分解剂，又称为辅助抗氧剂。它们能分解氢过氧化物，使其变成结构稳定的化合物。其典型代表是抗氧剂DLTP。

抗氧剂DLTP是一种白色结晶粉末，溶于苯、四氯化碳、石油醚、丙酮，不溶于水，熔点为39～42 ℃。抗氧剂DLTP无污染性，毒性低，除能够分解氢过氧化物之外，还能和酚类抗氧剂之间产生显著的协同效应，因而被广泛用于PP、PE、ABS等塑料及一些橡胶的生产加工中，用量一般为0.1%～1%。

（四）亚磷酸酯类抗氧剂

亚磷酸酯类抗氧剂也是一类辅助抗氧剂，可以分解氢过氧化物，将其转变为稳定的氧化物。常见的亚磷酸酯类抗氧剂主要有以下两种：

1.抗氧剂TPP

抗氧剂TPP是一种透明的液体，具有苯酚味，熔点为22～24 ℃，沸点为360 ℃，密度为 1.183～1.192 g/cm^3，溶于醇、苯、丙酮，不溶于水，有毒。主要用于PVC、EP、PO等塑料的生产加工，用量一般为0.1%～3%。

2.抗氧剂TNP

抗氧剂TNP是一种微具酚味的透明液体，熔点高于16 ℃，沸点为360 ℃，密度为0.97～0.99 g/cm^3，溶于乙醇、苯、丙酮、四氯化碳，不溶于水，且不变色，无污染性。其主要用于PVC、PO、ABS等塑料的生产加工，用量一般为0.1%～1.5%。

（五）金属离子钝化剂

金属离子钝化剂本身能够和重金属离子结合成最大配位数的向心配位体，也就是说它具有螯合作用。金属离子钝化剂的螯合作用能够阻止自动氧化降解过程中的链传递。目前，塑料加工领域开发的金属离子钝化剂主要是肼类衍生物，其典型代表是抗氧剂 1024。

抗氧剂 1024 是一种性能卓越的高效无污染型抗氧剂，溶于甲醇和丙酮，微溶于氯仿和乙酸乙酯，不溶于水，具有受阻酚和酰肼的双重结构，同时具有抗氧化和金属减活的功能，因此也可作为金属减活剂。抗氧剂 1024 不变色，可单独使用，也可与其他通用抗氧化剂并用。其适用于 PE、PP、PS、PA 等塑料的生产加工，尤其适合作为酚醛树脂的抗氧化剂。一般情况下，其用量为 0.1%～0.5%。

四、抗氧剂的应用

（一）抗氧剂的选择

具体来说，在选择抗氧剂时，应考虑抗氧剂的如下几种特性：

1.污染性和变色性

选择抗氧剂时，首先应考虑抗氧剂的污染性和变色性是否满足制品的要求。如果某一种抗氧剂污染性或变色性较强，即便其其他性能都很好，也不能用于制作要求不变色的制品。一般来说，酚类抗氧剂不具有污染性，可用于制作要求无色或浅色的塑料制品，而芳胺类抗氧剂则具有较强的污染性和变色性，仅适用于制作色泽可变化的塑料制品。

目前，常用的非着色性抗氧剂包括部分受阻酚类抗氧剂和亚磷酸酯类抗氧剂。

2.相容性

抗氧剂与聚合物之间的相容性是非常重要的。只有所选择的抗氧剂与聚合物之间有良好的相容性，抗氧剂才能长期、稳定、均匀地存在于制品之中，从而发挥其应有的作用。如果抗氧剂与聚合物之间的相容性不好，抗氧剂就容易析出，致使制品出现喷霜（固体抗氧剂）或渗出（液体抗氧剂）现象，从而使制品的抗氧化性降低。

3.耐久性

为了使添加抗氧剂的制品能长期保持抗氧化性，选择耐久性好的抗氧剂十分重要。抗氧剂的挥发、抽出和迁移等是其耐久性降低的主要原因。抗氧剂的耐久性主要受其化学结构和添加量的影响。

抗氧剂的挥发性取决于它的分子结构和分子量。在其他条件相同的情况下，结构类型相同的抗氧剂，挥发性随其分子量的增大而降低。此外，抗氧剂的挥发性还与温度、暴露表面的大小、空气流动速度等因素有关。抗氧剂的抽出性与抗氧剂在不同介质中的溶解度直接相关。抗氧剂的迁移性是指抗氧剂从制品中向邻近接触物中的转移，抗氧剂的迁移程度取决于它与树脂和接触物的相容性。因此，要根据制品的使用环境来选择适当的抗氧剂。

4.加工性能

塑料的加工工艺在很大程度上限制了抗氧剂的使用范围。虽然有些抗氧剂能满足制品的使用条件，但由于制品加工条件比较苛刻，如加工温度高、时间长等，所以必须选择满足加工条件的抗氧剂，即在加工条件下不分解、不挥发、不升华的抗氧剂。

（二）抗氧剂的并用

在实际生产中，单独使用一种抗氧剂的制品往往难以达到要求，所以人们通常会将几种抗氧剂配合使用。在配合使用抗氧剂时，往往会出现下列三种情况：

1.加和效应

当两种或两种以上的助剂并用时，它们的共同作用效果等于各种助剂单独使用时的效果的总和的现象就称为加和效应。例如，在某一塑料配方中同时加入抗氧剂 264 和抗氧剂 CA，当需要抗氧剂起作用时，一种抗氧剂先起作用，当这种抗氧剂消耗完以后，另一种抗氧剂接着起作用，这种情况就是加和效应。

2.协同效应

当两种或两种以上的助剂并用时，它们的共同作用效果大于各种助剂单独使用时的效果总和的现象称为协同效应，也叫相乘效应或超加和效应。根据并用体系协同作用的机理是否相同，协同效应分为均匀性协同效应和非均匀性协同效应两种。若并用的两种抗氧剂作用机理都相同，它们之间的协同效应就被称为均匀性协同效应；若并用的两种抗氧剂作用机理不同，两者之间的协同效应就是非均匀性协同效应。例如，抗氧剂甲叉 4426-S 与炭黑并用时，由于两者都是氢原子给予体，故其作用机理相同，这两种抗氧剂之间存在的协同效应就属于均匀性协同效应；主抗氧剂 1076 和辅助抗氧剂 DLTP 之间的协同效应是非均匀性协同效应，因为主抗氧剂 1076 是氢原子给予体，而辅助抗氧剂 DLTP 是一种氢过氧化物分解剂。另外，发生在同一种分子中的协同效应，被称为自协同效应。

3.对抗效应

一种助剂对另一种助剂产生有害影响的现象叫作对抗效应，也称为反协同效应。例如，把胺类抗氧剂或酚类抗氧剂加到含有炭黑的 PE 中，不但不能产生协同效应，PE 的抗氧化性反而比不加抗氧剂的弱。需要注意的是，对抗效应不仅与抗氧剂的种类有关，也与树脂品种有关。例如，在 ABS 中将炭黑与酚类抗氧剂并用时，不但不会发生对抗效应，反而会表现出较大的增效作用。

（三）抗氧剂的用量

一般情况下，抗氧剂在塑料中的添加量为 0.1%～1%，但也有不少情况是超出这一范围的。抗氧剂在塑料中的具体用量取决于聚合物的种类、聚合物的交联体系、抗氧剂的效率、制品的使用环境及抗氧剂的价格等因素。在确定抗氧剂的用量时，还应考虑抗氧剂在聚合物体系中的物理稳定性能。例如，抗氧剂在塑料及任何环境介质中的挥发性、扩散速率和可溶性等。为了延长抗氧化的有效时间，应适当加大抗氧剂的添加量，使其略高于临界用量。

第二节　光稳定剂

一、塑料的老化

（一）塑料的老化现象

塑料暴露于自然或人工环境下，性能随时间的推移而变劣的现象称为塑料的老化现象。

塑料发生老化可表现为如下几种现象：

①塑料制品外观发生变化，如变形、表面颜色变暗或出现裂纹等。

②物理性能与化学性能，如溶解度、玻璃化温度、熔体流动速率与基团含量等发生变化。

③力学性能，如拉伸强度、冲击强度、断裂伸长率等发生变化。

④电性能，如绝缘电阻、介电常数等发生变化。

（二）塑料老化的影响因素

塑料老化的影响因素有内在因素和外在因素。

1.内在因素

（1）化学结构的影响

塑料老化的难易程度依赖于其化学键的强度。不同的键具有不同的键能，并且差异很大。在聚合物分子中，分枝和侧基的存在会降低化学键的强度，从而使塑料出现老化问题。

（2）聚集态结构的影响

聚集态结构也是影响塑料老化的一个重要因素。结晶型聚合物还存有无定型区，结晶区与无定型区的密度不同，结晶度也不同。在塑料老化反应产生时，只有反应物渗入到聚合物结构中，才能有一定的反应速度，否则老化速度很慢，且只在塑料表面进行。塑料老化的反应物向塑料材料内部的扩散速度，随其结晶度和无定型区域密度的变化而不同。

2.外在因素

使塑料老化的外界因素可概括为物理因素（光、热、应力、电场、射线等）、化学因素（氧、重金属离子、化学介质等）与生物因素（微生物、霉菌等）。在外界因素中，以光、氧、热三个因素最为重要。因此，塑料的老化，实质上就是塑料材料的光老化、氧老化与热氧化的综合效应。

塑料受外在因素所引起的化学变化主要是：

①裂解生成低聚物。

②解聚生成单体。

③分解而放出简单化合物。

④氧化或交联。

事实上，不少聚合物材料暴露于日光下却并未急剧地发生降解，而是缓慢地发生老化，其原因是：①聚合物对日光的吸收能力和吸收速度有限；②聚合物吸收光量子以后，主要发生一些光物理反应，发生的光化学反应较少。

由于结构上的差异，不同聚合物的耐候性差别很大。有些聚合物的耐候性很好，如聚四氟乙烯和聚甲基丙烯酸甲酯。大多数聚合物由于具有芳基和不饱和结构而容易发生老化，如 PVC、PS、HIPS、ABS、聚酯等。

（三）光物理反应

当一个分子吸收了一个光量子以后，它首先被活化到激发态，然后才能发生光化学反应。然而，在许多情况下，处于激发态的分子都不会发生光化学反应，而是通过发生下列几种光物理反应重新回到基态：

①被激发的分子通过发射荧光或磷光而回到基态。

②被激发的分子通过向周围分子传递振动能（热能）而回到基态。

③被激发的分子通过系统间的穿越把能量传递给其他分子，在其他分子变成激发态的同时，自身则因为能量的降低而回到基态。

在实际生产中，对于聚合物材料来说，由于在聚合过程和成型加工过程中，不可避免地会带入催化剂残留物、微量的氢过氧化物或羰基化合物等光敏物质，所以，即使聚合物本身并不吸收紫外线，也会因此而变得对光氧化降解十分敏感。聚合物中的单键吸收能量而导致光降解的引发作用是微不足道的，只有当聚合物中含有羰基等双键时，才能因直接吸收光量子而引起大量的降解。

（四）聚合物的光氧化机理

聚合物的光氧化和热氧化机理的不同，主要在于激发能源的不同，一个是光能，一个是热能。而链传递和链终止机理基本相同。聚合物的光氧化反应的引发方式包括一级光化学引发和次级光化学引发两个类型。

1.一级光化学引发

一级光化学引发是紫外线辐射被高分子本身所吸收，或由于被“高分子-氧复合物”“高分子-臭氧复合物”吸收而引起的光氧化反应。

2.次级光化学引发

次级光化学引发不是聚合物分子直接接受紫外线的光量子，而是存在于体系中的杂质和过氧化物等受到光的作用而引起的光氧化反应。这是聚合物发生光氧化反应最重要的原因。能够在聚合物的光氧化反应中起到引发作用的物质主要有催化剂残留物、氢过氧化物、羰基化合物和单线态氧等。

催化剂残留物中的过渡金属离子对氢过氧化物的分解有催化作用。此外，一些催化剂残留物，特别是钛化合物能吸收 350 nm 以下的紫外线，发生光化学反应而产生自由基。

聚合物在热加工和氧化过程中能生成氢过氧化物，由于其中过氧键键能较低，所以紫外线完全能高效率地分解氢过氧化物。

在紫外线的照射下，水中的质子能够催化氢过氧化物分解生成羰基化合物，所以水分的存在能加快聚合物的光氧化反应。

由碳基化合物引起的光氧化降解可分为如下四个步骤：①羰基对紫外线的吸收；②激发态的羰基发生诺里什Ⅰ、Ⅱ型断裂；③分子氧猝灭激发态的羰基，形成单线态的氧；④单线态的氧与乙烯基反应，生成氢过氧化物，导致聚合物进一步氧化降解。

单线态氧是一种受激态的氧分子，因此它比基态氧具有更强的反应活性。实际上，在聚合物的光氧化降解过程中，单线态氧是一个重要的因素。单线态氧发生作用的方式主要是与各种聚合物反应形成氢过氧化物或直接形成自由基。

此外，聚合物能够吸附燃料燃烧后释放在空气中的稠环芳烃，这也能在聚合物的光氧化过程中起到引发作用。稠环芳烃起作用的方式是：稠环芳烃先被单线态氧氧化生成一种内氧化物，然后再由内氧化物引发聚合物反应，生成自由基。

二、塑料常用的光稳定剂

塑料的光老化，是指塑料在户外暴露中，性能随时间的推移而变弱的现象，通常被称为“气候老化”。在气候老化的诸因素中，日光中的紫外线照射是主要因素。防治光老化的主要措施是加入光稳定剂。

具体来说，塑料常用的光稳定剂包括以下几种：

（一）光屏蔽剂

光屏蔽剂是指能够吸收或反射紫外线的物质，通常为无机颜料或填料。塑料工业中最常用的光屏蔽剂有炭黑、二氧化钛、氧化锌等。

1.炭黑

炭黑是常用的性能比较好的光屏蔽剂之一。炭黑的化学结构中含羟基芳酮结构和酚醌结构，能抑制自由基反应，因此，炭黑兼有抗氧化的作用。炭黑对于保护聚合物老化具有非常好的效果，在较高温度下的作用尤其突出。炭黑几乎能吸收全部的可见光，强烈地反射紫外线和部分波长为 340～430 m 的光。

使用炭黑时必须考虑到炭黑的粒度、添加量、在聚合物中的分散程度，以及与其他助剂并用的效应等影响因素。炭黑与胺类、酚类抗氧剂并用会产生对抗效应，但与含硫的抗氧剂并用则会产生突出的协同效应。

2.二氧化钛

二氧化钛，俗称钛白粉，它能够完全吸收波长小于 400 nm 的紫外线，还能反射或折射大部分的可见光。其中，R-型（金红石型）钛白粉的反射率较大，同时对光和臭氧较稳定，光稳定效果比 A-型（锐钛型）钛白粉的光稳定效果好。在光的照射下，二氧化钛在与聚合物的内接触面上会释放出新生态氧，新生态氧能促进聚合物的光氧化降解，因此薄制品中不宜用钛白粉；而在厚制品中，即使发生光氧化反应，也仅是在制品极薄的表面发生，内部可得到保护。

3.氧化锌

氧化锌是一种白色的颜料，俗称锌白，可用于防止塑料的老化，特别是在 HDPE、LDPE 和 PP 中的应用效果较好。氧化锌能完全吸收波长小于 400 nm 的紫外线，并可反射 99%的可见光。

（二）紫外线吸收剂

紫外线吸收剂是目前应用最广的光稳定剂。它能强烈地、有选择性地吸收高能量的紫外线，并以能量转换的形式，将吸收的能量以热能或无害的低能形式释放出来或耗掉，从而防止塑料中的发色团吸收紫外线能量随之发生激发。紫外线吸收剂按结构来划分，主要包括二苯甲酮类、苯并三唑类、水杨酸酯类、三嗪类、取代丙烯腈类等。塑料工业中应用最多的当属二苯甲酮类和苯并三唑类。

1.二苯甲酮类

二苯甲酮类紫外线吸收剂能吸收波长为290～400 nm的紫外线，并与树脂有良好的相容性，因此被广泛地用于塑料的生产加工。此类紫外线吸收剂的光稳定机理是：其分子中，苯环上的羟基氢和相邻的羰基氧之间形成了分子内氢键，构成了一个螯合环。该类紫外线吸收剂在吸收紫外线能量后，其分子发生热振动，氢键破坏，螯合环打开，这样就能把吸收的能量转换成无害的热能释放出来。在二苯甲酮类紫外线吸收剂中，要有一邻位的羟基，否则其不能作为聚合物的光稳定剂。二苯甲酮类紫外线吸收剂一般有单羟基、双羟基、三羟基、四羟基之分，其中最常用的是单羟基和双羟基二苯甲酮类紫外线吸收剂。

单羟基二苯甲酮类紫外线吸收剂几乎不能吸收可见光，只能吸收 380 nm以下的紫外线，因此被广泛地用于透明制品和浅色制品的生产加工，如UV-9和UV-531。UV-9为浅黄色粉末，熔点为62 ℃，低毒，最大吸收峰为328 nm，是塑料中较常用的一种紫外线吸收剂，添加量一般为 0.1%～0.5%。与此相似的还有UV-531，其最大吸收峰为325 nm，是最适宜用作PE的紫外线吸收剂。

双羟基二苯甲酮类紫外线吸收剂吸收紫外线的能力最强，同时也能吸收部分可见光，其制品略带黄色，典型的品种是 UV-24。UV-24 为浅黄色粉末，熔点为68～70 ℃，对波长为330～370 nm的紫外线有强烈的吸收作用，与树脂相容性较好，适用于 PVC、ABS、PU、丙烯酸树脂等许多塑料，用量一般为0.25%～3%。

2.苯并三唑类

苯并三唑类紫外线吸收剂的光稳定机理与二苯甲酮类相似，其分子中也存在氢键螯合环。在其吸收紫外线后，其分子中的氢键被破坏或变为光互变异构体，把光能转变成无害的热能。苯并三唑类紫外线吸收剂对波长在300～385 nm范围内的紫外线有较高的吸收系数，几乎不吸收可见光，具有良好的光热稳定性，颜色白，可广泛应用于PE、PP、PS、PC、ABS和聚酯等塑料的生产加工，添加量一般为0.01%～0.1%。苯并三唑类紫外线吸收剂的典型品种是UV-327。

UV-327为淡黄色粉末，熔点为154～158 ℃，可溶于苯、甲苯、苯乙烯、甲基丙烯酸甲酯等，不溶于水，低毒。对波长为300～400 nm的紫外线有强烈的吸收作用，化学稳定性好，不易挥发，耐高温，具有优良的耐洗涤性，适用于PE、PP、POM、PMMA、ABS、PU、EP等许多塑料的生产加工，用量一般为0.1%～3.0%。UV-327与抗氧剂并用能产生良好的协同效应。

此外，较常用的苯并三唑类紫外线吸收剂还有UV-P、UV-320、UV-328和UV-5411等。

3.水杨酸酯类

水杨酸酯类紫外线吸收剂为应用最早的一类紫外线吸收剂。它可在分子内形成氢键，其本身吸收紫外线的能力很差，而且只能吸收波长范围极窄的紫外线。但在吸收一定能量后，其内部会发生分子重排，形成了吸收紫外线能力强的二苯甲酮结构，从而形成较强的光稳定性。水杨酸酯类紫外线吸收剂的典型品种为水杨酸苯酯。

水杨酸苯酯为白色结晶粉末，熔点为41～43 ℃，可溶于苯、丙酮、乙醇、甲醇，微溶于水，低毒，与PVC具有很好的相容性，吸收紫外线的波长范围为290～335 nm。水杨酸苯酯被广泛用于PE、PP、PVC、PVDC、PS等塑料的生产加工，用量一般为0.25%～3.0%。

4.三嗪类

三嗪类紫外线吸收剂是一类高效的吸收型光稳定剂，对波长为280～380 nm的紫外线有较高的吸收系数。三嗪类紫外线吸收剂吸收紫外线的效果与邻羟基的个数有关，邻羟基个数越多，其吸收紫外线的能力就越强。三嗪类紫外线吸收剂的缺点是与高分子聚合物的相容性差，而且还会使塑料制品着色。其典型代表是三嗪-5。

三嗪-5 是一种浅黄色粉末，微溶于正丁醇，不溶于水。可用于 PVC、PE、POM 和聚酯等塑料的生产加工，用量一般为 0.2%～0.5%。

5.取代丙烯腈类

取代丙烯腈类紫外线吸收剂能吸收波长为 310～320 nm 的紫外线，但吸收率较低。其具有良好的化学稳定性，与高分子聚合物的相容性较好，不吸收可见光，不会使塑料制品着色。

除此之外，还有其他类型的紫外线吸收剂，如六甲基磷酰三胺。其为无色或浅黄色透明液体，有毒，主要用作耐候剂，适用于 PVC 等极性较强的聚合物，既可以提高其耐候性，还可以将其成型温度降低 10℃，但不耐热，用量为 0.5%～5%。

（三）光猝灭剂

光猝灭剂的作用机理是转移聚合物分子因吸收紫外线所产生的激发态能，从而防止聚合物因吸收紫外线而产生游离基。其与紫外线吸收剂的不同之处在于，紫外线吸收剂通过分子内结构的变化来消散能量，而光猝灭剂通过分子间能量转移来消散能量。光猝灭剂的稳定效果很好，主要用于要求有高度稳定性的塑料制品的生产加工。如果将光猝灭剂与一些紫外线吸收剂并用，就能够得到更好的光稳定效果。

虽然近年来的一些研究成果表明，苯并三唑类化合物、二苯甲酮类化合物都有猝灭激发态能量的作用，但一般所说的光猝灭剂主要是一些二价镍的络合物。镍猝灭剂的种类较多，但商品化的品种不多，主要是 UV-2002 和 UV-1084。

1.UV-2002

UV-2002 是一种淡黄色粉末，熔点为 170～190 ℃，易溶于一般有机溶剂，微溶于水，吸水性弱。UV-2002 主要用于 PS、PA、PVC、聚酯、聚乙烯醇缩丁醛、聚乙酸乙烯酯等塑料制品的生产加工，用量一般为0.1%～1.0%。UV-2002不但是高分子聚合物材料的光猝灭剂，还可用作抗氧剂和热稳定剂，与酚类、亚磷酸酯类和硫代酯类抗氧剂能产生协同效应。

2.UV-1084

UV-1084 是一种无色或淡黄色粉末，熔点为 258～261 ℃，相对密度为 1.367 g/cm³，可溶于正庚烷、四氢呋喃、甲苯，微溶于乙醇、甲乙酮，低毒，但有弱着色性，能吸收波长为 296 nm 的紫外线。UV-1084 主要用于 PE、PP 及其他一些聚烯烃类塑料的生产加工，用量一般为 0.25%～0.5%。此外，UV-1084 也具有抗氧化的作用，与二氧化钛并用能产生协同效应。

（四）自由基捕获剂

自由基捕获剂几乎不吸收紫外线，但通过捕获自由基、分解氢过氧化物和传递激发态能量等多种途径，其可以使聚合物具有高度的光稳定性。常见的自由基捕获剂包括 UV-770、UV-292、UV-944 等。

1.UV-770

UV-770 是白色结晶粉末或颗粒，熔点为 81～86 ℃，溶于乙醇、乙酸乙酯、苯等有机溶剂，不溶于水。适用于各种对光稳定性有高要求的塑料制品，特别适用于 PP、TPO、HIPS、PA、PU 等塑料的生产加工。UV-770 与抗氧剂并用，能提高制品的耐热性；与紫外线吸收剂并用亦能产生协同效应，能进一步提高制品的光稳定性。

2.UV-292

UV-292 为淡黄色液体，熔点为 47～49 ℃，溶于甲醇、乙醇、苯、甲苯等，不溶于水。UV-292 主要用于 PU、柔性 PVC、ABS、丙烯酸等塑料的生产加工。

3.UV-944

UV-944 为白色粉末，溶于丙酮、乙酸乙酯、甲苯、二甲苯等有机溶剂，微溶于甲醇，不溶于水。UV-944 具有很好的耐热性、耐抽出性，以及与树脂的相容性，还具有低挥发性和低降解性，主要适用于 PP、PE、HDPE 等塑料的生产加工。

三、光稳定剂的应用

（一）光稳定剂应具备的条件

能够具有工业价值的光稳定剂，应具有以下几个条件：

①能强烈吸收或反射 290～400 nm 波长的紫外线，可以有效地猝灭激发态分子的能量，或者具有足够的捕获自由基的能力。

②与聚合物或其他助剂的相容性良好，在成型加工和使用过程中不喷霜、不渗出。

③热稳定性优良，即在成型加工和使用时不因受热或其他一些原因而发生化学变化，热挥发损失小。

④具有良好的光稳定性，在长期的暴晒环境中，其分子结构不会被破坏。

⑤化学稳定性好，不与塑料材料或其他助剂发生不利的化学反应。

⑥不污染制品，无毒或低毒。

⑦耐抽出性和耐水解性优良。

⑧价格低廉。

（二）使用光稳定剂应注意的问题

1.树脂发生光氧降解的最敏感波长和光稳定剂的有效吸收波长必须一致

常用树脂发生光氧降解的最敏感波长，见表 3-1。

表 3-1 常用树脂发生光氧降解的最敏感波长

树脂	最敏感波长/nm	树脂	最敏感波长/nm
PE	300	POM	300～320
PP	310（370）*	PC	295（285～305）*
PVC	310	PMMA	295～315
PS	318	聚酯	325
EVA	322～364 （327～364）*	硝化纤维素	310

注：*表示括号中的数据来自不同的资料。

各种光稳定剂的有效吸收波长已如前所述。使用光稳定剂时，只要使这两者保持一致，就能够得到很好的稳定效果。

2.注意光稳定剂与其他助剂之间的配合效应

紫外线吸收剂吸收紫外线后会放出热能，从而使制品发热，有可能促进聚合物的热氧老化。光稳定剂与热稳定剂一同添加，可以产生较好的协同效应。但应该注意，紫外线吸收剂不能与硫醇有机锡类热稳定剂并用，否则起不到应有的光稳定作用。当有金属离子存在时，最好同时添加金属离子钝化剂。

3.注意制品的厚度与光稳定剂用量的关系

制品的厚度不同，对光稳定剂的用量要求也不同。一般来说，厚制品中不需要添加高浓度的光稳定剂。其原因有如下几个方面：

①在厚制品中，紫外线射到一定深度即被光稳定剂吸收，所以厚制品有更好的光稳定性。

②添加到塑料中的光稳定剂具有扩散作用。在塑料的成型加工过程中，光稳定剂会因为扩散而聚集于塑料的表层。所以，光稳定剂的实际防护能力要比人们认为的高一些。

③由于各种原因，制品表面的颜色在使用过程中会逐渐加深，这也增强了制品对紫外线的抗御能力。

因此，厚制品中不需要添加高浓度的光稳定剂，而像薄膜和纤维这一类薄制品，则需要加入高浓度的光稳定剂。

第三节　热稳定剂

凡是能够改善聚合物热稳定性的助剂，均称为热稳定剂，也常简称为稳定剂。热稳定剂是 PVC 等含氯树脂的生产加工中必不可少的一种助剂，是这类树脂的专用助剂。当然，像聚甲醛这样的树脂也需要加入热稳定剂，但在此只讨论 PVC 的热稳定剂。PVC 热稳定剂的主要作用体现在以下两个方面：

一是在树脂的加工过程中，防止或抑制其降解脱出氯化氢，以及因脱出氯化氢而引起的变色。

二是在使用期内，保持制品足够的热稳定性并减缓热氧和光氧作用引起的降解，从而延长制品的使用寿命。

一、PVC 的热降解

PVC 被加热到 100 ℃就会有氯化氢脱出；到 120 ℃时，PVC 的分解反应已经很明显，而 PVC 的加工温度为 160～210 ℃，所以在其成型温度下，PVC 将会急剧分解。在受热时，PVC 除发生分解脱出氯化氢外，还会产生分子链的交联，从而使制品变色。

研究发现，PVC 的直链结构应该比较稳定。但是，一般工业生产的 PVC 分子链中含有聚合反应残留的支链、引发剂残基、双键、酯键，以及单元之间的头-头相连结构等，而这些正是影响 PVC 降解过程的不稳定性因素。例如，

PVC 分子中产生的双键会使与其相邻的化学键的键能发生变化。另外，共轴双键的存在，使聚合物提高了对紫外线的吸收能力，从而促进了光氧化降解。

目前，关于 PVC 热降解脱出氯化氢的机理还未有定论，存在着自由基机理、离子机理、单分子机理等多种说法，它们各有所长，又各有其局限性。实际上，PVC 的热降解是一个非常复杂的过程，存在着多种影响因素，各种因素之间也是相互影响、相互制约的。

二、热稳定剂的作用机理

根据 PVC 的热氧化降解机理可知，要提高其热稳定性，可以从两个方面入手：一是通过改善聚合工艺，或者是使其与其他单体共聚，从而减少其分子中的双键、支链、酯键等不稳定因素；二是采用化学助剂，即热稳定剂。

热稳定剂的作用有以下几个方面：

①捕捉 PVC 降解过程中释放出的氯化氢，以阻止氯化氢对机器设备等造成腐蚀。

②置换活泼的烯丙基氯原子。

③与自由基反应，中止热降解过程中的链传递反应。

④与共轭双键发生加成反应，减弱共轭双键对烯丙基氯原子的活化作用。

⑤抑制 PVC 的氧化。

⑥钝化在 PVC 脱出氯化氢的反应中具有催化作用的金属离子。

PVC 的热稳定剂必须具有上述各种作用中的一种或多种。塑料制品生产中常用的 PVC 热稳定剂主要有盐基性铅盐类热稳定剂、金属皂类热稳定剂、环氧化合物类热稳定剂、亚磷酸酯类热稳定剂等。下面分别介绍它们的作用机理：

（一）盐基性铅盐类热稳定剂

盐基性铅盐类热稳定剂是指含有盐基的铅盐，其之所以能作为 PVC 的热稳定剂，主要是因为其中的盐基具有很强的捕捉氯化氢的能力。

（二）金属皂类热稳定剂

金属皂类热稳定剂除可以捕捉氯化氢之外，还能置换烯丙基氯原子。

值得注意的是，活性较高的锌皂、镉皂等能够顺利地进行上述酯化反应，而活性较低的钙皂和钡皂则相对困难一些。

（三）环氧化合物类热稳定剂

环氧化合物类热稳定剂除了能与氯化氢反应，还能通过与双键发生加成反应起到阻断共轭链增长的作用。此外，环氧化合物自身也能与双键直接加成形成环状化合物。

（四）亚磷酸酯类热稳定剂

亚磷酸酯类热稳定剂具有以下几个方面的作用：

①捕捉氯化氢；

②置换烯丙基氯原子；

③分解过氧化物；

④与活性较大的金属氯化物反应，从而减弱其对热降解反应的催化作用；

⑤抑制自由基的形成；

⑥与多烯结构发生加成反应。

三、常用的热稳定剂类型

PVC 的热稳定剂可分为主热稳定剂和辅助热稳定剂。其中，主热稳定剂包括盐基性铅盐类热稳定剂、金属皂类热稳定剂和有机锡化合物类热稳定剂；辅助热稳定剂包括环氧化合物类热稳定剂、亚磷酸酯类热稳定剂和多元醇类热稳定剂等。另外，目前对各种复合稳定剂和其他一些新型热稳定剂的开发和利用也方兴未艾。

（一）盐基性铅盐类热稳定剂

盐基性铅盐是带有未成盐氧化铅的无机酸或有机酸的铅盐。实际上，氧化铅本身就具有很强的与氯化氢结合的能力，只是氧化铅带有黄色，所以人们一般不将它作为热稳定剂，而将白色的盐基性铅盐作为热稳定剂。

盐基性铅盐类热稳定剂的优点是具有良好的热稳定性，特别是长期热稳定性好，电绝缘性优良，耐候性良好，覆盖力强，价格低廉。但是，盐基性铅盐热稳定剂毒性大，有初期着色性，与 PVC 的相容性和分散性差，容易产生硫化污染，没有润滑性，所得制品不透明。

重要的盐基性铅盐类热稳定剂有以下几种：

1.三盐基硫酸铅

俗称“三盐”，为目前国内热稳定剂中用量最多的一种，能发挥持久的热稳定作用，具有良好的耐光性和耐水性，以及优良的电绝缘性。初期色相较暗淡，但与镉皂并用可克服这一缺点。本品毒性大，无润滑性，应配合润滑剂使用。其与二盐基硬脂酸铅或二盐基亚磷酸铅并用能产生协同效应，改善制品的耐候性。

2.二盐基亚磷酸铅

俗称“二盐”，稳定作用稍弱于三盐基硫酸铅，但具有抗氧化和抗紫外线的能力，故耐候性特别突出。常与三盐基硫酸铅、二盐基硬脂酸铅并用。初期色相好，所得制品光洁乳白。但是，在温度超过 190 ℃时易分解使制品产生气泡，故不宜用于加工温度过高的场合。本品缺乏润滑性，应适当配用润滑剂，主要用于电缆料、人造革和鞋料等制品的生产加工。

3.碱式碳酸铅

俗称“铅白”，吸收氯化氢的能力很强，耐候性和热稳定性良好，不易喷霜，价格低廉，但无润滑性，温度超过 150 ℃就会分解释放出水汽和二氧化碳，使制品产生气泡。主要用于加工温度较低的软质压延制品、电缆料及一些廉价制品。

4.二盐基硬脂酸铅

俗称“二硬铅”，兼具铅盐和金属皂的功能，在正常的操作温度下不会熔化，具有优良的润滑性，不易喷霜，有良好的热稳定性和电绝缘性，但耐候性和初期色相较差，常与三盐基硫酸铅、二盐基亚磷酸铅等并用，透明性较好。主要用于生产加工硬质的挤出制品和注射制品，也可以作为一种流动性调节剂，改善物料的加工性。

（二）金属皂类热稳定剂

金属皂类热稳定剂多为白色细粉末，具有非常优良的润滑性以及良好的热稳定性。多数金属皂类热稳定剂有毒，较少用于透明制品，而多数用于半透明制品的制作。金属皂类热稳定剂一般不单独使用，而是几种金属皂类热稳定剂并用，或与其他热稳定剂配合使用。在塑料制品生产过程中，金属皂类热稳定剂的用量一般为 2～3 份。

金属皂类热稳定剂的性能主要与金属的种类有关。金属皂类热稳定剂置换 PVC 中烯丙基氯原子的速度随金属种类的不同而不一样，其顺序为：

锌皂类热稳定剂＞镉皂类热稳定剂＞铅皂类热稳定剂＞钙皂类热稳定剂＞钡皂类热稳定剂。

也就是说，锌皂类热稳定剂和镉皂类热稳定剂对提高 PVC 的初期耐热性（也称为前期色相）有很好的效果，而对提高后期耐热性（也称为后期色相）的效果较差；钙皂类热稳定剂和钡皂类热稳定剂对提高 PVC 的前期色相效果差，对提高后期色相的效果好；铅皂则居中。

常见的金属皂类热稳定剂如下：

1.硬脂酸锌

硬脂酸锌的活性极高，少量添加有改善 PVC 初期色相的效果，并且具有显著的抗硫化污染和抗析出的特性。在使用时应该特别注意，将硬脂酸锌与硬脂酸钙、硬脂酸钡等一起使用，会有更好的效果。硬脂酸锌的加工性不好，极难塑化，但毒性低，主要与硬脂酸钙配合，用于无毒制品的生产加工，或者与钡皂类热稳定剂并用于耐硫化污染制品的生产加工。此外，硬脂酸锌也可作为苯乙烯系列树脂的润滑剂和透明制品的脱模剂，或作为酚醛树脂、氨基树脂的润滑剂兼脱模剂。

2.硬脂酸镉

硬脂酸镉是重要的透明热稳定剂之一。其初期着色性极小，透明性和润滑性好，但单独使用时在后期可能使树脂发生急速降解。因此，常将硬脂酸镉与硬脂酸钡、有机锡化合物类热稳定剂、环氧化合物类热稳定剂和亚磷酸酯类热稳定剂并用。使用硬脂酸镉时，制品较易出现喷霜现象，而且硬脂酸镉不耐硫化污染、毒性极大。其主要用于软质透明制品、人造革和半硬质制品等的生产加工。

3.硬脂酸铅

硬脂酸铅具有较好的热稳定性，可兼作 PVC 的润滑剂，与硬脂酸镉、硬脂酸钡和有机锡类热稳定剂并用，能产生良好的协同效应。但是，硬脂酸铅的塑化性和透明性差，容易析出，有毒，硫化污染严重。硬脂酸铅主要与硬脂酸钡配合使用，多用于不透明的软质或硬质制品、电线和电缆料等的生产加工。

4.硬脂酸钙

硬脂酸钙的加工性好，可以促进 PVC 的凝胶化过程，无硫化污染，无毒，但初期色相很差，会使制品发红，应与硬脂酸锌、环氧化合物类热稳定剂并用来提高其热稳定性。硬脂酸钙一般用于食品包装薄膜、医疗卫生器具等无毒软质制品的生产加工。在以铅盐为主要稳定剂的硬质制品中配合使用硬脂酸钙，能够提高聚合物的凝胶化速度，从而提高其加工性能。此外，硬脂酸钙可以作为 HDPE 和 PP 的卤素吸收剂，以及 PO、酚醛等塑料的润滑剂和脱模剂。

5.硬脂酸钡

硬脂酸钡具有优良的润滑性以及良好的抗硫化污染性，适用于 PVC 的高温加工，但它的初期色相不好。一般将硬脂酸钡与硬脂酸铅、硬脂酸镉和环氧化合物类热稳定剂一起使用，以提高硬脂酸钡的稳定性。硬脂酸钡易析出，用量过多会使制品的二次加工性能变差。另外，将硬脂酸钡与少量盐基性铅盐类热稳定剂配合使用，可提高制品的电绝缘性能。硬脂酸钡主要用于软质制品、片材、人造革、硬管和硬板等的生产加工。

（三）有机锡化合物类热稳定剂

有机锡化合物类热稳定剂可分为脂肪酸盐型、马来酸盐型以及硫醇盐型等。

工业上用作稳定剂的有机锡化合物常常也是添加了抗氧剂和紫外线吸收剂的复合物。有机锡化合物类热稳定剂虽然价格高，但稳定效果好，用量少，特别是能够使制品具有很好的透明性，所以也是 PVC 的重要稳定剂。有机锡化合物类热稳定剂可以单独使用，但大多数情况下都是与金属皂类热稳定剂和抗氧剂一起使用，以发挥它们的协同效应。有机锡化合物类热稳定剂与树脂的相容性极好，而且有促进树脂凝胶化的作用。然而，大多数有机锡化合物类热稳定剂都具有毒性，甚至有特殊臭味，虽然加工初期色相好，但后期会较快变色并出现黑斑。另外，含硫的有机锡化合物类热稳定剂会与含铅的稳定剂发生反应，产生硫污染，所以它们不能一起使用。

有机锡化合物类热稳定剂大多缺乏润滑性，因此，要加入润滑剂以提高其加工性能。有机锡化合物类热稳定剂主要用于高透明度的硬质及软质制品，如真空成型片材、注射成型的硬质透明制品、吹塑成型的透明容器等的生产加工。在配方中，有机锡化合物类热稳定剂的用量一般为0.5～2份。

有机锡化合物类热稳定剂的代表品种如下：

1.二月桂酸二丁基锡

二月桂酸二丁基锡是一种淡黄色油状液体或半固体，熔点为22～24 ℃，溶于甲苯、四氯化碳、乙酸乙酯、氯仿、石油醚，不溶于水，但会发生水解，有毒。

二月桂酸二丁基锡具有优良的润滑性，透明性和耐候性较好，具有抗硫化污染的性能；但热稳定性不好，所以初期色相较差，会使制品呈现出黄色或红色，一般需要加入镉皂类热稳定剂或钡皂类热稳定剂。在一般的加工温度下，二月桂酸二丁基锡具有良好的加工性，被广泛用于PVC的软质和半硬质制品的生产加工。与钡皂类热稳定剂或镉皂类热稳定剂并用时，二月桂酸二丁基锡的用量为0.3～1份。

2.马来酸二丁基锡

马来酸二丁基锡是一种白色粉末，微溶于苯、甲苯，不溶于水。马来酸二丁基锡能够和共轭双键发生加成反应，所以其稳定性不低于盐基性铅盐类热稳定剂。除此之外，马来酸二丁基锡的耐候性优良，抗污染性好，初期色相好。其熔点较高，所以不会降低PVC硬质制品的软化温度，是硬质透明PVC配方中不可缺少的一种稳定剂。然而，马来酸二丁基锡缺乏润滑性，具有毒性和催泪性，与聚合物的相容性差，一旦用量高于0.5份就容易析出。其润滑性差的问题可以通过加入润滑剂的方式得到解决，具有催泪性的问题也可通过与环氧化合物类热稳定剂并用的方式得到解决。马来酸二丁基锡常与二月桂酸二丁基锡并用于硬质制品的挤出、压延、注射等加工环节。但需要指出，马来酸二丁基锡不可与金属皂类热稳定剂并用于不透明的硬质制品中。

3.二巯基乙酸异辛酯二正辛基锡

二巯基乙酸异辛酯二正辛基锡是一种淡黄色液体，具有极高的透明性和热稳定性，耐热温度可达 210 ℃，无初期着色性，耐水性优良，有良好的耐抽出性和化学稳定性，但耐候性和润滑性差，应与非皂类润滑剂并用。其由于含有酯基，具有一定的增塑作用，所以会使制品的热变形温度降低。二巯基乙酸异辛酯二正辛基锡是目前最重要的无毒有机锡化合物类热稳定剂，主要用于真空成型透明片材，以及硬质和软质管材、薄膜、容器等的生产加工，所得制品表面光洁。二巯基乙酸异辛酯二正辛基锡不能与含铅、镉的热稳定剂并用。在二巯基乙酸异辛酯二正辛基锡被用于无毒包装材料时，其用量一般不超过 2 份。

（四）环氧化合物类热稳定剂

环氧化合物类热稳定剂主要是一些环氧化油、环氧脂肪酸酯等，是 PVC 制品生产加工过程中重要的辅助热稳定剂，可以增强主热稳定剂的耐热性和耐候性。环氧化合物类热稳定剂在单独使用时，热稳定性和耐候性都不好，但与金属皂类热稳定剂并用能产生协同效应，在软质和硬质的塑料制品生产中经常被采用。另外，环氧化合物与有机锡化合物类热稳定剂并用时的效果也很好。环氧化合物类热稳定剂的用量一般为 1～5 份。常见的环氧化合物类热稳定剂有环氧大豆油、环氧硬脂酸丁酯等。

1.环氧大豆油

环氧大豆油在常温下为浅黄色黏稠油状液体，溶于大多数有机溶剂，不溶于水。其无味、无毒，透明度高，具有优良的耐热性、耐光性，与聚合物的相容性较好。环氧大豆油对 PVC 有良好的塑化作用，因此，其除了可以作为辅助热稳定剂，也可以作为 PVC 制品的增塑剂。环氧大豆油和有机锡化合物类热稳定剂并用，能产生协同效应，长期发挥热稳定作用和光稳定作用；环氧大豆油与金属皂类热稳定剂一起使用时，亦能产生显著的协同效应，可以提高制品的稳定性，此时，金属皂类热稳定剂的用量可以减少到其单独使用所需总量的三分之一。环氧大豆油可用于各种 PVC 制品，特别是用于各种食品塑料包装材料、医用软塑料制品、电线电缆材料、拖鞋和凉鞋等产品的生产加工。在一般软质塑料制品中，使用 5～10 份该产品，可以显著提高制品的热稳定性和光稳定性。

2.环氧硬脂酸丁酯

环氧硬脂酸丁酯具有良好的耐热性和耐候性，耐寒性亦较佳。其与 PVC 的相容性好，塑化速度快，因此，也可以作为增塑剂。但环氧硬脂酸丁酯的挥发性较大，耐抽出性较差，故用量不宜过多，一般以 5 份为宜。

（五）亚磷酸酯类热稳定剂

亚磷酸酯类热稳定剂除了具有杰出的分解氢过氧化物的能力，还有良好的色泽保护能力。此外，它还能够提高聚合物的加工温度。其单独使用时，对 PVC 没有稳定作用，但与金属皂类热稳定剂和有机锡化合物类热稳定剂并用时，可显著提高制品的热稳定性、耐候性和透明性。亚磷酸酯类热稳定剂在配方中主要起螯合作用，可以螯合热稳定剂发生反应后所产生的含金属的残留物。另外，亚磷酸酯类热稳定剂和环氧化合物类热稳定剂并用也能产生协同效应。在配方中加入亚磷酸酯类热稳定剂，可以减少主热稳定剂的用量，特别是可以减少价格昂贵的有机锡化合物类热稳定剂的用量。亚磷酸酯类热稳定剂被广泛添加于液体复合热稳定剂中，其添加比例为 10%～30%。亚磷酸酯类热稳定剂主要用于软质透明的 PVC 塑料制品的生产加工，用量一般为 0.5～1 份。

（六）多元醇类热稳定剂

多元醇类热稳定剂的主要品种有季戊四醇、木糖醇、甘露醇、山梨糖醇、三羟甲基丙烷等，它们能提高 PVC 的热稳定性和电绝缘性，改善其色相。特别是对于含石棉的 PVC 塑料制品，多元醇类热稳定剂能够有效地抑制制品因含铁化合物而引起的变色。目前认为，多元醇类热稳定剂的作用机理是能够吸收杂质离子，抑制其催化降解，从而提高 PVC 的耐热性和耐候性。

（七）复合热稳定剂

为了使用方便，防止粉尘飞扬和中毒等，国内外都研制出了许多种类的复合热稳定剂。复合热稳定剂的优点是：与树脂的相容性好，透明性好，色调保持性好，不易析出，无粉尘飞扬，对环境无污染，容易计量，加工性能好，有利于增塑糊黏度的稳定。但复合热稳定剂也有一些缺点：用量较大，润滑性较差，长期放置容易分层和结块。

常用的复合热稳定剂可分为钙锌复合热稳定剂、钡锌复合热稳定剂、有机磷复合热稳定剂和有机锡复合热稳定剂等。

（八）有机锑化合物类热稳定剂

有机锑化合物类热稳定剂包括硫醇锑盐类、巯基乙酸酯硫醇锑类、巯基羧酸酯锑类和羧酸酯锑类等。有机锑化合物类热稳定剂具有优秀的初期色相和色相保持性。其在低用量情况下的热稳定性高于有机锡化合物类热稳定剂，因此，其适用于在双螺杆挤出机或多螺杆挤出机中进行加工。目前，塑料加工领域用到最多的有机锑化合物类热稳定剂主要是三巯基乙酸异辛酯锑。

（九）水滑石类热稳定剂

水滑石类热稳定剂属于辅助热稳定剂，具有良好的透明性、电绝缘性、耐候性及加工性，不受硫化物的污染，无毒，能与锌皂及有机锡化合物类热稳定剂并用，发挥协同效应，是极有开发前景的一类无毒辅助热稳定剂。

四、热稳定剂的应用

关于热稳定剂的应用，这里主要探讨不同金属皂类热稳定剂之间的协同效应，以及金属皂类热稳定剂与其他热稳定剂的协同效应。

（一）不同金属皂类热稳定剂之间的协同效应

金属皂的种类不同，在与烯丙基氯原子发生置换反应时的速度不同，反应后所得到的金属氯化物对 PVC 脱出氯化氢的催化作用大小也不同。通常情况下，单独使用一种金属皂类热稳定剂，难以得到满意的稳定效果。但是，若将低活性的金属皂类热稳定剂与高活性的金属皂类热稳定剂并用，则可以获得良好的稳定效果，且所得制品的初期色相和后期色相均较好。其原因主要是低活性的金属皂类热稳定剂能够把高活性金属皂类热稳定剂发生反应后所产生的金属氯化物还原为金属皂，使得高活性金属皂类热稳定剂不会被消耗，同时也不会有大量的高活性金属氯化物存在于体系中，进而对脱出氯化氢的反应起到催化作用。

（二）金属皂类热稳定剂与环氧化合物类热稳定剂的协同效应

在金属皂类热稳定剂与环氧化合物类热稳定剂并用时，环氧化合物类热稳定剂能作为中间媒介物，把烯丙基氯原子转移到金属皂类热稳定剂中，延迟重金属氯化物的生成。因此，环氧化合物类热稳定剂的存在可以使复合体系的耐热稳定性和耐候性显著提高。

（三）金属皂类热稳定剂与亚磷酸酯类热稳定剂的协同效应

亚磷酸酯类热稳定剂本身具有稳定 PVC 的作用，与金属皂类热稳定剂并用时，可以与金属氯化物反应而抑制其对 PVC 脱出氯化氢的催化作用，从而提高体系的热稳定性。

（四）金属皂类热稳定剂与多元醇类热稳定剂的协同效应

实验证明，多元醇类热稳定剂单独使用时不具备热稳定作用，但与金属皂类热稳定剂配合使用时则可以明显地延长 PVC 脱出氯化氢的诱导期，并能抑制树脂的变色。一般认为，多元醇类热稳定剂是通过与重金属氯化物络合的方式，抑制它们对 PVC 脱出氯化氢的催化作用，从而起到提高 PVC 稳定性的作用的。

第四章　改善加工性能的助剂

第一节　增塑剂

一、增塑剂简介

增塑剂是指添加到聚合物材料中，能够起到降低材料的玻璃化转变温度，提高材料的柔韧性、塑性或可加工性的作用，而又不影响聚合物本质特性的一类物质。

增塑剂产量在所有塑料加工助剂中排在首位，约占塑料加工助剂总产量的60%。增塑剂不仅能赋予高分子聚合物许多优良的性能，扩大高分子聚合物应用的范围，又便于制品的成型加工。

二、增塑剂的目的

增塑的目的是要削弱聚合物分子间的作用力。对于极性聚合物，可以选择带极性基团的增塑剂，让增塑剂的极性基团与聚合物的极性基团之间产生作用力，以减小聚合物极性分子间的作用力；对于非极性聚合物，可以选择易插入聚合物分子间的增塑剂来减小聚合物分子间的作用力，从而起到增塑作用。

三、增塑剂的作用原理

（一）内增塑作用

将一些单体与需增塑的聚合物单体通过嵌段共聚或接枝共聚等方法连接在一起，破坏聚合物分子的规整度，降低分子结晶度或加大分子链间距离，减弱聚合物分子间的作用力，从而增加分子可活动链段的长度，使聚合物的可塑性、韧性增加。

（二）外增塑作用

把分子量小的化合物或聚合物添加到需要增塑的聚合物中，这些小分子进入到需要增塑的聚合物分子链段之间，加大了分子链段的距离，改变了原来分子之间的作用力，从而增加分子可活动链段的长度，使聚合物的可塑性、韧性增加。

此外，聚乙烯醇树脂的分子间作用力很强，如果没有增塑剂的配合，其成型加工十分困难，甚至根本无法进行。因为在对其进行加热成型时，其还未达到自身的熔化温度，就会发生明显的分解。但只要在聚乙烯醇树脂中加入适量的增塑剂，聚乙烯醇树脂的熔化温度就会大大下降，就可在较低温度下进行成型加工而不致分解。

（三）反增塑作用

增塑剂的用量减少到一定程度后，反而会出现塑料材料的硬度增大、断裂伸长率降低、冲击强度降低等现象，增塑剂的这一作用被称为“反增塑作用”。其原因在于少量的增塑剂能够增加聚合物的自由体积，使聚合物分子链的活动能力增强，促进了聚合物无定形区定向排列并结晶，进而造成制品的塑性下降。反增塑作用在 PVC 材料中较为常见。

四、相关表观理论

解释增塑作用原理的主要表观理论有润滑理论、凝胶理论、自由体积理论、遮蔽效应理论、偶合理论。

（一）润滑理论

该理论认为，聚合物塑性形变困难是由于其分子间作用力大、分子摩擦力大导致分子间难以发生相对运动。增塑剂通过润滑作用使聚合物分子链容易移动，提高其热塑性形变性能，从而使聚合物易于加工。

（二）凝胶理论

该理论认为，在无定形非结晶聚合物中存在由分子链缠结形成的三维凝胶态，增塑剂进入树脂中破坏了聚合物分子间的缠结作用点，使分子间容易发生相对运动。

（三）自由体积理论

该理论认为，增塑剂的作用主要是使聚合物分子间距离增大，聚合物体系的自由体积增加、塑性增大，增塑的效果与加入增塑剂的体积成正比。非极性增塑剂对非极性聚合物的增塑通常可以用这一理论解释。但是该理论不能解释许多聚合物在增塑剂添加量低时所发生的反增塑现象。

（四）遮蔽效应理论

该理论认为，非极性增塑剂加到极性聚合物中增塑时，非极性的增塑剂分子遮蔽了聚合物的极性基团，使相邻聚合物分子的极性基团不发生或者很少发生作用，从而削弱了聚合物分子间的作用力，达到增塑的目的。

（五）偶合理论

极性增塑剂与极性聚合物分子中的极性基团会发生偶合甚至建立更强的氢键，这一作用代替了高分子链间的相互作用（减少了连接点），从而削弱了高分子链间的作用力。

五、增塑剂的分类

（一）按相容性分类

根据增塑剂与被增塑物的相容性，增塑剂可分为主增塑剂、辅助增塑剂和增量剂三类。

主增塑剂与被增塑物相容性良好，质量相容比可达 1∶1，可单独使用。主增塑剂能够同时插入极性树脂的非晶区域和结晶区域，又称溶剂型增塑剂。邻苯二甲酸酯是目前使用最广泛的主增塑剂，品种多、产量高，具有色泽浅、毒性低、电性能优越、挥发性小、气味少、耐低温性一般等特点。

辅助增塑剂与被增塑物相容性良好，质量相容比可达 1∶3，一般与主增塑剂配合使用。辅助增塑剂只能插入极性树脂的非晶区域，又称非溶剂型增塑剂。主要品种有磷酸三苯酯类、氯化石蜡等。

增量剂与被增塑物相容性较差，但与主增塑剂、辅助增塑剂有一定的相容性，用以降低成本和改善制品的某些性能。主要品种有含氯化合物等。

（二）按作用方式分类

根据作用方式，增塑剂可分为外增塑剂和内增塑剂。

外增塑剂是在塑料配料过程中加入，其与树脂之间无化学键联结。

内增塑剂是在聚合物聚合过程中引入的第二单体，其与聚合物链段之间有稳定的化学键结合。

（三）按分子量大小分类

根据增塑剂分子量大小，增塑剂可分为单体型增塑剂和聚合型增塑剂。

单体型增塑剂一般为有明确的结构和低分子量的简单化合物，化合物的分子量为200～500。

聚合型增塑剂多为分子量在1 000以上的线型聚合物，通常耐迁移性、耐析出性较好，而且可以改善聚合物的力学性能。

（四）按应用性能分类

根据增塑剂的应用性能，增塑剂可分为耐寒性增塑剂、耐热性增塑剂、阻燃性增塑剂、防霉性增塑剂、抗静电性增塑剂、防潮性增塑剂、耐候性增塑剂等。

（五）按化学结构分类

根据增塑剂的化学结构，增塑剂可分为邻苯二甲酸酯类增塑剂、脂肪族二元酸酯类增塑剂、磷酸酯类增塑剂、环氧化合物类增塑剂、聚酯类增塑剂、脂肪酸酯类增塑剂、多元醇酯类增塑剂、含氯增塑剂等。

第二节　润滑剂

一、润滑剂简介

添加到树脂中，有利于聚合物熔体的流动，便于加工并防止聚合物在加工过程中对机械设备及模具表面产生黏附作用的助剂，称为润滑剂。

在许多聚合物材料加工成型时，为克服聚合物分子间的摩擦力及聚合物熔体与加工机械间的摩擦力，需要加入润滑剂。

二、润滑剂的作用

润滑剂分子结构中含有长链的非极性基团和极性基团两部分，在不同的聚合物中显示出不同的相容性，具有不同的润滑作用。

按与聚合物是否相融，润滑剂可分为内润滑剂和外润滑剂。与聚合物相容性较好的润滑剂称为内润滑剂，即指在聚合物加工过程中减小聚合物分子链间摩擦力或降低熔体黏度的润滑剂。与聚合物不相容的润滑剂称为外润滑剂，即指为减小聚合物在加工过程中与加工机械表面的界面摩擦力而加入的助剂。

聚合物熔体在加工设备中的流动情况如图 4-1 所示。由于高分子聚合物熔体和加工设备金属表面之间有黏附现象，模具中的聚合物熔体的流动速度呈现抛物线状，如图 4-1（a）所示。加入内润滑剂后，高分子聚合物熔体在加工设备金属表面中间的流速增大，中间流速与两边流速差距增加，如图 4-1（b）所示。外润滑剂则可在熔体和金属表面的界面提供一个滑动薄层，使靠近加工设备金属表面的高分子聚合物熔体的流动性增加，两边流速与中心流速差距缩小，如图 4-1（c）所示。

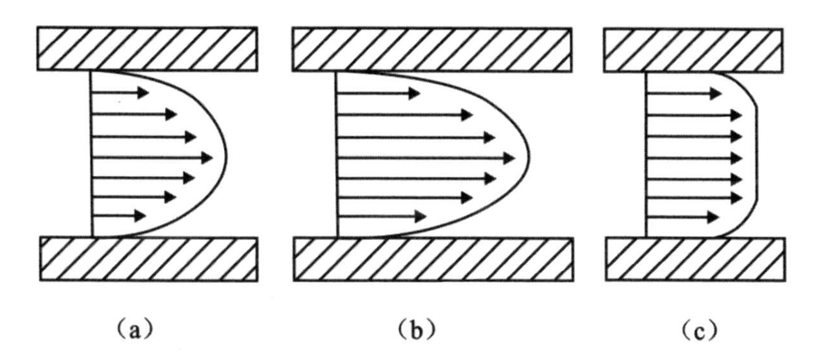

图 4-1　聚合物熔体在加工设备中的流动情况

（一）内润滑剂的作用

内润滑剂的作用主要是改变聚合物自身的流动。聚合物自身流动包括分子链间的相对移动、分子团的移动以及聚合物微粒的移动。一般采用的内润滑剂分子极性较低，碳链较长，与聚合物有一定的相容性，该相容性在常温下很弱，在高温下较强，也就是说一般采用的内润滑剂在高温下有一定的增塑作用。因此，它能削弱分子间内聚力，使聚合物分子链间或分子团间更容易产生相对滑动和转动，从而改善聚合物加工性能。同时，由于内润滑剂在常温下不会产生明显的增塑作用，因此其不会过分改变聚合物的物理力学性能。

内润滑剂与增塑剂的区别在于，内润滑剂的极性比增塑剂低，碳链更长。同增塑剂相比，内润滑剂和聚合物的相容性要弱得多。内润滑剂分子只有在热和剪切作用下才能进入聚合物内部，降低聚合物分子间的作用力。但在常温下，聚合物处于固体状态，内润滑剂并不起作用。内润滑剂几乎不会降低材料的软化温度，而增塑剂在处于固体状态时仍然会降低材料的软化温度。内润滑剂与聚合物分子间有一定的相容性，但当聚合物中的内润滑剂超过一定浓度时，内润滑剂在聚合物中溶解饱和后，就开始起外润滑剂的作用。

内润滑剂还能降低机械能损耗。在聚合物加工过程中，加工机械对聚合物熔体产生很大的剪切力。熔体的黏度越大，分子链间作用力就越明显，加工过程中转化为热能的机械能就越多。内润滑剂的长链脂肪基团能明显减小聚合物分子或分子团在流动时与机械之间产生的摩擦力，从而减少机械能损耗。

（二）外润滑剂的作用

外润滑剂与聚合物材料的相容性很低。在加工过程中，外润滑剂很容易从聚合物内部迁移到表面，在界面处取向排列，其极性基团向着加工机械的金属表面，在聚合物熔体和机械的表面形成一层润滑膜。

外润滑剂的第一个主要作用是减少聚合物与设备表面之间的摩擦。在加工过程中，聚合物熔体分子或分子团流动时与加工设备间产生摩擦力，这一摩擦力可提高聚合物在加工过程中的剪切力，并促进聚合物均匀地熔融塑化。但过量的摩擦和剪切不仅要消耗大量的动力，而且会导致聚合物熔体黏滞在设备的内表面，引起设备局部过热，造成聚合物的降解。外润滑剂则可以较好地调节聚合物熔体与设备表面之间的摩擦系数，减小过大的摩擦阻力，减少机械能消耗，并实现更高效的混合。

外润滑剂的第二个主要作用是防止熔体破裂。外润滑剂通过减少熔体与加工机械金属表面的摩擦，避免熔体破裂问题的发生。聚合物在加工过程中，由于剪切速率过高导致其熔体与加工机械金属表面产生间歇式摩擦，这种现象通常被称为熔体破裂。由于外润滑剂与聚合物具有一定的不相容性，故外润滑剂能在聚合物熔体与加工设备的表面形成薄薄的润滑剂分子层，从而减少聚合物熔体与金属表面之间的摩擦，降低发生熔体破裂的可能性。

外润滑的第三个主要作用是脱模作用。许多润滑剂具有类似表面活性剂的分子结构，如硬脂酸类润滑剂、金属皂类润滑剂、脂肪酸酰胺类润滑剂等，它们的分子中具有极性基团，同时又具有非极性的长链烷基。金属表面对外润滑剂极性基团的强烈吸引力，使这类润滑剂在金属表面与聚合物熔体之间形成相对静止层，从而减少了聚合物熔体黏附在金属表面的现象，使制品容易与模具分离。一般情况下，分子碳链长的外润滑剂由于更能使金属表面与聚合物熔体表面远离，因而具有更好的润滑效果。

三、润滑剂的主要品种

这里按其化学成分，将润滑剂分为烃类润滑剂、脂肪酸类润滑剂、酯类润滑剂、脂肪酰胺类润滑剂、硅油类润滑剂、复合润滑剂等。

（一）烃类润滑剂

烃类润滑剂的润滑效果一般表现为中期较好，初期与后期较差，常需与其他润滑剂配合使用。烃类润滑剂的主要种类如下：

1.固体石蜡

固体石蜡的熔点为 57～70 ℃，溶于有机溶剂，不溶于水，在树脂中分散性、相容性、热稳定性均比较差，用量一般在 0.5 份以下。尽管固体石蜡属于外润滑剂，但其为非极性直链烃，不能润滑金属表面，也就是不能抑制极性聚合物，如 PVC 的金属黏附作用，只有和硬脂酸类润滑剂并用时，才能发挥协同效应。

2.液体石蜡

外观为无色、无味的黏稠状液体，溶于苯、乙醚、二硫化碳，微溶于醇类。在挤出和注塑加工时，作为 PVC 的外润滑剂。液体石蜡与树脂的相容性很差，添加量一般为 0.3%～0.5%，过多反而会使制品的加工性能变差。

3.微晶石蜡

颜色为白色或者浅玻璃色。其分子量较大，且有许多异构体，熔点为 65～90 ℃。其润滑性和热稳定性好，但分散性差。用量一般为 0.1～0.2 份，最好与硬脂酸丁酯、高级脂肪酸并用。

4.PE 蜡

外观为白色或者黄色块状或片状，化学稳定性和电性能优良，熔融黏度和硬度接近石蜡。PE 蜡与 PE、PP、聚醋酸乙烯、乙丙橡胶和丁基橡胶等聚合物相容性好，与 PS、聚甲基丙烯酸甲酯、PC、ABS、PVC 等聚合物相容性差。在 PE 加工配方中，PE 蜡的用量为 2 份；在 ABS、PVC 加工配方中，PE 蜡的用量最好为 0.5 份以下。

5.PP 蜡

外观为白色粉末，是不规整结构的小分子量 PP，熔点高于 PE 蜡，具有耐化学性能强、电性能优良、常温抗湿能力强、熔融黏度高、分散性能好和润滑效果好等特点。可作为 PE 和 PVC 等塑料的润滑剂，还可以提高填料或着色剂的分散效果。在 PVC 加工配方中，PP 蜡的用量最好为 0.5 份以下。

6.OPE 蜡

即氧化聚乙烯蜡，是指含有部分极性基团（如羧基、羟基和酮基等）的改性 PE 蜡产品，外观为白色粉末。其与 PVC 等极性树脂有一定的相容性，具有内润滑性和外润滑性，润滑效果好，透明性好，可作为 PVC 等塑料的润滑剂，还可以改善树脂的着色性，赋予制品较好的透明性和光泽性。

（二）脂肪酸类润滑剂

脂肪酸类润滑剂包括饱和脂肪酸类润滑剂、不饱和脂肪酸类润滑剂、羟基脂肪酸类润滑剂和氧化脂肪酸类润滑剂等。饱和脂肪酸类润滑剂中应用最广泛的是硬脂酸类润滑剂。

硬脂酸类润滑剂外观为白色小片状，熔点 70～71 ℃，沸点 383 ℃，微溶于水，能溶于有机溶剂。硬脂酸分子之间存在着氢键结构。在氢键解离之前，硬脂酸类润滑剂只能起外润滑作用；而在氢键解离之后，硬脂酸类润滑剂可以起到内润滑作用。工业上常用的硬脂酸是微黄色块状的混合物，纯度最高为 97%，熔点为 60 ℃，无毒，用量在 0.5 份以下，用量过多会使制品出现喷霜现象，影响其透明度。

（三）酯类润滑剂

酯类润滑剂包括硬脂酸正丁酯、单硬脂酸甘油酯、三硬脂酸甘油酯等。

1.硬脂酸正丁酯

外观为淡黄色液体，凝固点 20～22 ℃，闪点 188 ℃，着火点 224 ℃，亦可作脱模剂。硬脂酸正丁酯具有黏度低、质轻、亲油性好、耐热性好等特点，可用作 PVC、PS 等聚合物的内润滑剂，有助于提高塑料的加工性能和机械性能。

2.单硬脂酸甘油酯

外观为白色或者象牙色的蜡状固体，熔点 60 ℃，无毒，用于透明制品的生产加工，用量一般为 0.25～0.5 份，与其他外润滑剂并用能产生较好的协同效应。单硬脂酸甘油酯结构中含有亲水羟基，除了可以起到润滑作用，还可以作为防雾剂。

3.三硬脂酸甘油酯

外观为白色脆性的蜡状固体，以片状供应，具有优良的低温性能以及良好的氧化稳定性，一般用于制作 PVC、PE 等材料的润滑剂。

（四）脂肪酰胺类润滑剂

1.硬脂酰胺

外观为无色结晶，熔点 109 ℃，可用于透明制品的生产加工，用量一般为 0.3～0.8 份，常作为 PVC、PO、PS 等塑料的润滑剂和脱模剂。其热稳定性较差，与高级醇并用可改善自身的热稳定性。

2.乙烯基双硬脂酰胺

外观为白色至淡黄色粉末或粒状物，熔点 141～146 ℃，具有较好的内润滑性和外润滑性，抗静电性能优良，主要用于 PVC、PP、PS、ABS、PF（酚醛树脂）等材料的生产加工，用量为 0.5～2 份。

3.油酸酰胺

外观为白色粉末或颗粒，熔点 68～79 ℃，主要用作 PP、PA、PE 等塑料的润滑剂和防黏剂，是 PVC 加工成型过程中优良的内润滑剂。

（五）硅油类润滑剂

硅油类润滑剂主要包括甲基硅油、苯甲基硅油、乙基硅油等。

1.甲基硅油

即二甲基硅氧烷，外观为无色、无味、透明、黏稠的液体，平均分子量为 5 000～10 000。具有优良的耐高温性能与耐低温性能，可在－50～200 ℃的环境下使用。透明性、电绝缘性和化学稳定性均良好，除了用作润滑剂，其也可以作为脱模剂使用。

2.苯甲基硅油

即聚甲基苯基硅氧烷，性能同甲基硅油。

3.乙基硅油

即聚二乙基硅氧烷，外观为无色或者浅黄色透明液体，平均分子量 300～10 000。使用温度－70～150 ℃，具有优良的润滑性和电绝缘性，表面张力较小，防水性、耐化学腐蚀性好。在塑料加工领域，乙基硅油除了作为润滑剂使用，也可用作脱模剂。

（六）复合润滑剂

复合润滑剂是人们为了达到理想的润滑效果而配制的专用多种润滑剂包。它不仅使用方便，而且润滑性能好，能够使内部和外部润滑性能相平衡。在物料挤出加工过程中使用复合润滑剂，能够使润滑剂在初期、中期和后期的润滑效果一致。

常见的复合润滑剂有如下几类：脂肪酸类润滑剂与烃类润滑剂复合物、稳定剂与润滑剂复合体系、脂肪酰胺类润滑剂与其他润滑剂复合物。

四、润滑剂的应用

（一）润滑剂的选用原则

1.相容性适中

润滑剂与聚合物的相容性是影响塑料制品质量的重要因素。如果它们的相容性过大，就会因产生增塑作用而造成聚合物材料的软化；如果它们的相容性太小或完全不相容，则会使制品表面产生喷霜现象。只有相容性适中，才能使内润滑作用与外润滑作用平衡。在实际应用时，润滑剂与聚合物的相容性随加工温度升高而变强，外润滑性随相容性增大而变弱，因此在提高加工温度的同时，一般需补加外润滑剂，但补加量应适宜，外润滑剂过量易使制品冷却后喷霜。

2.严格控制加入量

润滑剂可以减小聚合物塑化中的剪切力，减小聚合物与加工设备之间的摩擦力，延缓聚合物塑化。润滑剂用量过多，会影响挤出加工中的固体输送，使物料与料筒摩擦力减小，造成下料不畅，从而影响塑料加工成型工作的正常进行。另外，润滑剂用量过多也会使物料表面有大量润滑剂析出，造成喷霜，降低物料分流后的汇合黏接强度，以及制品的焊接、印刷强度。

3.分散性良好

润滑剂与物料混合时，如果润滑剂分散性不好，会造成聚合物熔体流动不均匀，使制品质地不均，且在润滑剂聚集的地方易喷霜。

4.热稳定性和化学稳定性良好

在高温加工时，润滑剂应不分解、不挥发，不与聚合物或其他助剂发生有害反应。在高温下，润滑剂与聚合物的相容性随温度变化的幅度应较小，以适应高温加工的需要。

5.不影响制品的物理力学性能和外观

润滑剂的种类和用量直接影响聚合物熔融塑化过程中物料的摩擦力和剪切力，影响物料的塑化质量、成型质量，最终影响制品的物理力学性能和外观。

6.合理利用复合润滑体系

几种性能不同的润滑剂配合使用，能使内润滑作用与外润滑作用达到平衡，使初期、中期、后期润滑作用达到平衡，不仅使用方便，节省润滑剂，而且具有更好的润滑效果。

（二）不同的聚合物使用不同的润滑剂

聚合物的结构不同，极性不同，所使用的润滑剂也不相同。表4-1介绍了不同聚合物所使用的润滑剂。

表4-1 各种聚合物使用的润滑剂

聚合物	润滑剂
PVC	液体石蜡、固体石蜡、PE蜡、亚乙基双硬脂酰胺、硬脂酸正丁酯、单硬脂酸甘油酯、硬脂酸金属盐、硬脂酰胺
PE和PP	亚乙基双硬脂酰胺、硬脂酰胺、硬脂酸钙、硬脂酸锌、PE蜡、微晶石蜡
PS	硬脂酸锌、亚乙基双硬脂酰胺、硬脂酸正丁酯、饱和脂肪酰胺
聚酯	硬脂酸锌、硬脂酸钙、硬脂酰胺、PE蜡
聚酰胺	油酸胺、硬脂酰胺、亚乙基双硬脂酰胺
醋酸纤维素和硝酸纤维素橡胶	硬脂酰胺、硬脂酸锌、硬脂酸镁、液体石蜡、固体石蜡、微晶石蜡、PE蜡、硬脂酸正丁酯、单硬脂酸甘油酯

（三）不同的加工工艺使用不同的润滑剂

1.压延

在PVC压延配方中，为了防止物料黏附辊筒，降低物料黏度，提高物料的流动性，内润滑剂和外润滑剂需要配合使用。压延工艺流程长，润滑剂的损失也较大，所以中后期润滑剂的选择也极为重要，通常以硬脂酸类润滑剂为主。

2.挤出、注塑

以内润滑剂为主，降低物料黏度，使挤出、注塑过程顺利完成。通常选择酯类润滑剂和烃类润滑剂配合使用。

3.模压、层压

以外润滑剂为主，防止物料与炽热金属模具、钢板的黏附。通常以使用烃类润滑剂为主。

4.糊制品的成型

对润滑剂的要求相对来说要低一些，以内润滑剂为主，液体润滑剂效果较好。

（四）不同的制品使用不同的润滑剂

1.软制品

软制品配方中润滑剂用量较少，在透明薄膜配方中可采用相容性较好的硬脂酸金属盐，其用量通常小于 0.5 份。在吹塑薄膜过程中，为防止薄膜两层黏着，润滑剂既可选用单硬脂酸甘油酯，也可采用硬脂酸类润滑剂。

2.硬制品

硬制品配方中润滑剂的用量比软制品多，对润滑性的要求也更高。

对于硬质透明制品，其配方中多加入冲击改性剂 MBS、ACR，成型时物料熔体黏度较大，应选褐煤酯蜡作为润滑剂。褐煤酯蜡对冲击改性剂 MBS、ACR 的润滑作用显著，兼顾了内润滑与外润滑，中后期润滑效果也很好，一般加入量为 0.3～0.5 份，可与 0.5 份硬脂酸正丁酯配合使用。

对于硬质不透明制品，如常见的板材、管材等，可选择硬脂酸金属盐、石蜡、硬脂酸类润滑剂并用的方法。对于大口径管材、异型材，如窗框等，配方中也要加冲击改性剂 ACR、CPE 等。润滑剂可采用褐煤酯蜡与硬脂酸金属盐、硬脂酸类润滑剂配合，或者用PE蜡、OPE蜡与硬脂酸类润滑剂配合，总的用量不宜过大，否则会降低物料在后期加工中的焊接强度。

第三节　脱模剂

脱模剂是一种作用于模具和成品之间，防止聚合物熔体与模具黏附的功能助剂。

一、脱模剂的作用原理

脱模剂是含有较强极性基团（亲金属基团）并与树脂相容性较差的一种助剂。工业上主要把脱模剂用于聚合物成型过程中，涂于模具表面形成隔离膜，达到聚合物与模具顺利分离的作用。脱模剂都是一些表面张力小的物质，能在聚合物与模具之间形成连续的隔离性薄膜。具体作用原理如下：

①极性化学键与模具表面通过相互作用形成具有再生力的吸附型薄膜。

②聚硅氧烷中的硅氧键可视为弱偶极子（Si-O），当脱模剂在模具表面铺展成单取向排列时，分子呈现特有的伸展链构型。

③自由表面被烷基以密集堆积方式覆盖，脱模剂的脱模能力随烷基密度增大而增大；但当烷基占有较大位阻时，脱模剂的伸展链构型受到限制，其脱模能力会降低。

二、脱模剂的主要品种

（一）根据作用方式和使用寿命分类

根据作用方式和使用寿命，脱模剂分为暂时性脱模剂和半永久性脱模剂。

1.暂时性脱模剂

暂时性脱模剂具有一定的流动性，能充满两个表面之间。在取出制品时，脱模剂层分裂成两个部分，从而使制品与模具分离。脱模剂的黏度越大，脱模效果越好，其向制品表面的微孔中渗透越难，保留在模具上的脱模剂就越多，涂刷一次使用的次数也就越多。但涂抹的均匀程度受到其黏度的限制。

2.半永久性脱模剂

它是以固化膜的形式形成脱膜剂层的。在特殊的施工条件下，经特殊的操作方法处理，其能在模具表面形成一层坚实的薄膜。在模塑后，取出制品较容易，且较少影响膜层，因此能长时间使用。

（二）根据化学成分分类

根据化学成分，脱模剂可分为无机物脱模剂、有机物脱模剂和高聚物脱模剂三类。

无机物脱模剂有白黏土、云母粉、滑石粉等粉末，主要用作橡胶加工中胶片、半成品防黏用隔离剂。

有机物脱模剂有脂肪酸、脂肪酸金属盐、石蜡、乙二醇等。

高聚物脱模剂主要包括有机硅化合物（硅油、硅橡胶、硅树脂等）、聚乙烯醇、有机氟化合物和其他类型脱模剂等。其中，有机硅化合物是最重要的高聚物脱模剂。相比有机物脱模剂，高聚物脱模剂的脱模效率和热稳定性要好得多。下面具体介绍高聚物脱模剂：

1.有机硅化合物

有机硅化合物的化学稳定性好，耐高温，不易分解；表面张力小，易形成均匀的膜，使用方便，对模具无腐蚀作用，脱模效果好，应用范围广。用作脱模剂的有机硅化合物主要是有机硅氧烷类。根据烃基的种类及性能，有机硅脱模剂又有很多种类，常用的有硅油、硅树脂和硅橡胶等。有机硅脱模剂特别适用于构型复杂的精细塑料制品，如塑料花的脱模。

（1）聚二甲基硅氧烷

黏度较高，可以溶于汽油、甲苯、二甲苯、多氯乙烷等有机溶剂，制成硅油溶液，也可制成乳化液（乳化甲基硅油）。

在使用硅油溶液时，可采用喷涂、刷涂及浸渍工艺，其适用于低温成型及乳化液不适用的场合。在使用乳化液时，需加温水使其稀释，可用喷涂或抹涂等方式，喷雾要细，模具一定要预热，否则不能形成连续的膜。也可以把硅油溶液和填料掺在一起做成膏状物，在垂直面上涂布。

聚二甲基硅氧烷可作为 PVC、PE、氟塑料、有机玻璃、醋酸纤维素、三聚氰胺、聚酯等塑料在压延、挤出、浇注、层压等成型工艺中的脱模剂。

（2）硅树脂

硅树脂是一种可长期使用的固体脱模剂，涂布固化后可以在模具表面形成一层坚实的膜。一般要求在 150～200 ℃下固化数小时，适用于橡胶制品脱模。

（3）硅橡胶

将甲基（或甲基乙烯基）硅橡胶配成 10%汽油溶液存放，使用时再用汽油稀释、混匀，适用于运输带制品的脱模。

硅橡胶有两种用法：第一种是把硅橡胶溶于有机溶剂，然后涂在模具上，溶剂挥发后即形成一层硅橡胶薄膜。这层膜可以硫化，可形成半永久性薄膜。也可不硫化，不硫化的膜实际上是一层黏度极高的硅油膜，这种膜的脱模效果很好，还可以重复涂布。例如，在 PE、PS 板材及环氧树脂层压板的生产中，将甲基硅橡胶作脱模剂，效果良好。另一种是用硅橡胶制成模具，硫化后使用。

这种模具富有弹性，可以制造有凹陷的制件，并有优良的复制性。

2.聚乙烯醇

将低聚合度聚乙烯醇溶于水或溶于水和乙醇，形成一定浓度的聚乙烯醇溶液，有时还需加入少量的丙酮或甘油。使用时涂抹在模具上，溶剂挥发形成聚乙烯醇膜。聚乙烯醇脱模剂成膜性能好，干燥较快，清除方便，无毒，主要用于不饱和聚酯、环氧树脂的成型。

3.有机氟化合物

有机氟化合物具有隔离性好、对模具污染小等优点，但是价格贵。主要用作脱模剂的有机氟化合物包括聚四氟乙烯、氟树脂粉末（低分子 PTFE）和氟树脂涂料（PTFE、FEP、PFA）。

4.其他类型脱模剂

主要有石蜡类（合成石蜡、微晶石蜡、PE 蜡等）、脂肪酸金属皂类（阴离子型）和无机粉末类（滑石、云母、陶土、白黏土等）。有些脂肪酸也可作脱模剂，但热稳定性、成膜性均不太好，只能用于对外观与后期加工要求不高的工件的脱模。硬脂酸锌是透明 PC、有机玻璃以及其他塑料的有效脱模剂，虽然它的脱模性能优良，但容易沉积在模内，所以应控制用量。

三、脱模剂的应用

（一）脱模剂的使用方法

1.溶液法

将脱模剂溶于一定的溶剂中配成溶液，然后用喷涂、抹涂、浸渍等方法涂布于模具上，溶剂挥发后即可发挥脱模作用。溶液法是使用最多的一种方法，绝大多数脱模剂都可用此法涂布。

2.乳液法

将脱模剂制成乳液再涂布，如常将甲基乙氧基硅油制成其含量为 30%～40%的乳液使用。

3.热熔法

难溶性高分子脱模剂在室温下是固态的，可采用先加热熔融再涂覆的方法。例如，含氟塑料粉末、石蜡等常用此法涂布。

4.油膏法

有些在室温下使用的脱模剂，可将它们配成膏状直接涂抹。例如，蜡膏是 3 份石蜡与 2 份凡士林的混合物。

5.薄膜法

直接将聚合物薄膜用于隔离，这种聚合物薄膜包括聚酯薄膜、氟塑料薄膜、锡纸、玻璃纸等。这种方法虽然使用方便，但不能用于复杂制品的加工。

（二）配方实例

聚氨酯水性脱模剂具有良好的脱模效果，主要应用于聚氨酯制品的生产。其配方如下：乳化蜡液 10%～15%（质量分数，下同）；甲基硅油乳液 15%～20%；改性硅油乳液 5%～8%；去离子水 50%～55%；乳化剂 4.5%～6%；添加剂 0.5%～1%；防腐剂 0.3%～0.5%。

第四节　加工改性剂

一、加工改性剂简介

加工改性剂是以改善热塑性树脂熔融加工性为主要特征的功能助剂。其成分多为高分子聚合物。最初，加工改性剂是为了改善硬质 PVC 的加工性能而被研发出来的，后因技术的发展以及市场需求的增加，加工改性剂在塑料加工市场中的作用及地位愈发突出。

例如，在 PVC 加工过程中，因其分解温度与加工温度相近，PVC 熔体流动性差。为加速 PVC 的塑化，降低 PVC 塑化温度，提高 PVC 塑化均匀程度及熔体内聚强度，常常需要加入少量的加工改性剂。在 LLDPE（线性低密度聚乙烯）加工过程中，LLDPE 的熔体黏度较大，导致剪切力较大，容易出现熔体破裂。加入少量的含氟聚合物改性剂能明显改善 LLDPE 熔体流动性，提高 LLDPE 的产量。

二、加工改性剂的作用原理

加工改性剂的主要作用原理有三种：促进树脂熔融、改善熔体流变性能及赋予熔体润滑功能。

（一）促进树脂熔融

在加热的状态下，PVC 内的加工改性剂首先熔化并黏附在 PVC 微粒表面。基于加工改性剂与树脂的相容性，此时 PVC 黏度及摩擦力变大，从而有效地将剪切力和热传递给整个 PVC，加速 PVC 熔融。

（二）改善熔体流变性能

PVC 熔体具有强度差、延展性差及易破裂等缺点，而加工改性剂可改善熔体上述性能。其作用机理为：加工改性剂可以提高 PVC 塑化的均匀程度和 PVC 熔体的黏弹性，从而改善离模膨胀和提高熔体强度等。

（三）赋予熔体润滑功能

加工改性剂与 PVC 相容的部分首先熔融，起到促进 PVC 熔融作用；而与 PVC 不相容的部分则向熔融树脂体系外迁移，从而改善 PVC 的脱模性。

三、常用的加工改性剂

（一）丙烯酸酯类加工改性剂

丙烯酸酯类加工改性剂为甲基丙烯酸甲酯、丙烯酸酯、苯乙烯等单体的共聚物。除可用作加工改性剂外，还可用作冲击改性剂。

其外观为白色易流动粉末，重要作用是缩短熔体塑化时间、提高熔体塑化的均匀性、降低熔体塑化温度。

丙烯酸酯类加工改性剂在 PVC 加工中具有以下性能：

①与 PVC 的相容性好。

②增大 PVC 熔融速率，使制品外观得到改善，物理机械性能有所提高。

③使用丙烯酸酯类加工改性剂，可减少其他助剂的用量。

（二）含氟聚合物加工改性剂

含氟聚合物加工改性剂是一个或多个氟代烯烃的共聚物或氟代烯烃与其他烯烃的共聚物，如偏氟乙烯、四氟乙烯、六氟丙烯的二元共聚物或三元共聚物，偏氟乙烯、四氟乙烯、六氟丙烯与乙烯或丙烯的共聚物，还有偏氟乙烯、四氟乙烯、六氟丙烯与聚氧化乙烯、无机物等的复合物。

1.含氟聚合物加工改性剂的作用机理

含氟聚合物加工改性剂由低表面能氟碳聚合物组成。加入基础树脂后，其可形成一个不相容的、以极小的微粒存在的分散相。在塑料加工时，低表面能的微粒迁移至熔体表层与加工机械的金属表面，形成聚合物熔体-低表面能聚合物“涂层”-金属表面这样的多层结构。“涂层”的低表面能使被加工的聚合物畅通地滑过界面。“涂层”的形成，使在界面上发生的树脂氧化与交联作用减小，熔体与金属间摩擦力减小，物料的剪切力也明显减小。

在“涂层”形成过程中，含氟聚合物加工改性剂的涂覆是动态的，“涂层”会被熔体磨损，加工改性剂微粒不断地被流动的熔体带走，又不断地得到补充。加工改性剂的最低添加量，是保证在界面上形成连续“涂层”，防止聚合物熔体黏接在金属表面的加工改性剂最低用量。在涂层的形成达到稳定状态后，加工设备中的背压、扭矩和熔体表观黏度都会减小。

含氟聚合物加工改性剂的使用量为 0.002%～0.1%。如果在加工初期使用较高浓度的加工改性剂，能更快地使加工状态趋于稳定。

2.含氟聚合物加工改性剂的功能

①改善低熔融指数树脂的加工流动性。

②避免在吹塑加工时出现熔体破裂现象。

③减少模口积料，避免出现薄膜厚度不均的问题。

④减小塑料加工时的挤出压力，减少能源消耗，减少机械磨损，降低薄膜加工的综合成本。

⑤提高薄膜表面光洁度，不影响制品透明度、透光率、雾度，提高产品抗张强度，提高产品质量。

⑥对需降低加工温度的树脂或对温度敏感型树脂，有助于改善其加工条件。

⑦方便清洗螺杆和机筒内杂质，缩短颜色切换有效时间，并可以用作螺杆

清洗料。

⑧以分散的球状小颗粒存在于高分子聚合物材料中，分散效果好，不易在薄膜表面产生喷霜现象，不影响薄膜表面的印刷性能及其他性能。

3.使用含氟聚合物加工改性剂时应注意的问题

使用含氟聚合物加工改性剂时可采取直接加入、制备母粒、制备浆膏这三种方法。使用时应注意以下两点：

①应用前应清洗系统，将系统残存的聚合物、凝胶、污垢清除干净，否则在应用含氟聚合物加工改性剂初期，会造成制品中晶点、黑点增多，影响制品质量。

②含氟聚合物加工改性剂在聚合物熔融流体中必须均匀分散，应选择合适的载体树脂。选用的载体树脂熔体流动速率应等于或大于基础树脂的熔体流动速率，这样有利于含氟聚合物加工改性剂在基础树脂中的分散。

第五章　其他功能性助剂

第一节　着色剂

着色剂是能改变塑料、橡胶和纤维固有颜色的有色化学物质的总称，包括无机颜料、有机颜料和溶剂染料等。

一、着色剂的主要作用

（一）装饰作用

可增加塑料的花色品种，提高塑料制品的价值和外观质量。

（二）改善和提高制品性能

某些着色剂，特别是炭黑，具有抗紫外线辐射、耐户外老化、遮蔽阳光等功能，可显著提高制品的耐环境性和耐候性。

（三）隐蔽和保护内容物

着色后的塑料制品可隐蔽内容物，防止阳光直接照射内容物，有利于延长内容物的贮存期。

（四）分类、标示作用

例如，电线、电缆的包覆层可制成不同的颜色，便于人们区分。

二、着色剂的性能指标

在应用过程中，着色剂的性能指标将影响材料的性能。因此，在使用时应对其基本性能有所了解。着色剂的主要性能指标有：着色力、遮盖力、耐热性、耐光性、耐候性、迁移性、对加工装置的磨蚀、沾色程度、对塑料流变性能的影响等。

（一）着色力

着色力是着色剂以其本身的颜色影响整个聚合物颜色的能力，也称为染色能力。着色剂的着色力取决于着色剂的化学结构、发色基团结构、助色基团的数量等。一般在相似色调的情况下，有机颜料比无机颜料的着色力强。对于化学结构相同的着色剂，其着色力强弱主要受着色剂粒径大小、粒子形状、粒度分布、晶型结构等的影响。一般着色剂的粒径越小，其着色力越强。但如果粒子太小，其遮盖力会下降，耐光性也会受到影响。

（二）遮盖力

着色剂的遮盖力是指其在漆膜中遮盖基材表面颜色的能力，可以用基材的单位表面积底色完全被遮盖时所需的着色剂质量（g/m^2）或 1g 着色剂所能遮盖的基材表面积表示。着色剂的遮盖力与成型树脂的折射率差异，以及着色剂的吸光特性、粒径大小、晶型结构等因素有关。

（三）耐热性

着色剂的耐热性，又称热稳定性或者温度稳定性，可通过温度和着色剂暴露时间来测定。

（四）耐光性

耐光性是指在着色材料暴露于室内或室外以后，其最初颜色改变的程度。耐光性级别是根据样品暴露在同一测试光下的颜色改变程度来确定的。耐光性级别及其所对应的耐光性见表 5-1。

表 5-1　耐光性级别及其所对应的耐光性

耐光性级别	耐光性	耐光性级别	耐光性
8	极好	4	中等
7	优良	3	一般
6	较好	2	差
5	好	1	较差

（五）耐候性

耐候性指的是成品材质放置于自然环境条件下的老化程度。自然环境条件包括高温、暴晒、寒冷、冰雪、酸雨等。

（六）迁移性

迁移性是指着色剂分散在材料中，向材料表面迁移或者进入和材料相接触的另一体系的程度。

（七）对加工装置的磨蚀

许多无机颜料，如二氧化钛，由于具有很高的硬度，会对挤出螺杆、挤出筒等加工装置造成磨损。

（八）沾色程度

沾色是指着色塑料在加工设备（如双辊机）上沉积的现象，该现象一般是由配方中原料的不相容性造成的。比如，配方中润滑剂和稳定剂相斥，会发生析出，同时也会将部分颜料带出，使其沉积在模具上。沾色会给制品带来一定的不利影响。例如，在对薄膜进行加工压延时，压辊上沾色会引起薄膜表面缺陷。

（九）对塑料流变性能的影响

着色剂可以改变塑料的流变性能，并且着色剂的粒径和分散性对塑料的性能影响很大。但由于着色剂的添加量一般很少，因此其产生的影响相对较小。值得注意的是，在高颜料含量薄膜和薄壁塑料制品中，着色剂对制品流变性能的影响是不容忽视的。

三、着色剂的主要品种

根据是否具有溶解性，着色剂可分为颜料和溶剂染料两大类。根据化学成分不同，颜料又可分为无机颜料和有机颜料两类。

无机颜料具有耐热性强、耐候性好，在塑料中不迁移，遮盖力较强等优点，缺点是着色力差，色泽不鲜艳。

有机颜料具有着色力强、色泽鲜艳、使用量小等特点。不同有机颜料的耐热性、耐候性等差异很大，要慎重选择。

溶剂染料的透明性、着色力、色泽度比颜料好，但在耐热性、耐候性、耐光性、耐迁移性等方面不及颜料。

除了无机颜料、有机颜料、溶剂染料，常见的着色剂还有荧光增白剂、珠光颜料、金属颜料等。

（一）无机颜料

1.二氧化钛

本书第三章第二节“塑料常用的光稳定剂”部分，对二氧化钛的光稳定作用做了简单介绍。除了作为光稳定剂，二氧化钛还是白色颜料中着色力和遮盖力最强的品种，是塑料制品中常用的无机颜料之一。

2.氧化铁

氧化铁有红、黄、黑等颜色。氧化铁黄和氧化铁黑的耐热性较差，氧化铁红价格低廉、遮盖力强、着色力强，具有优良的耐光性、耐热性、耐溶剂性、耐水性和耐酸碱性。

氧化铁适用于 PO、ABS、尼龙、PS、酚醛树脂、环氧树脂等多种塑料的生产加工。

3.锌钡白

也称立德粉，外观为白色粉末，遮盖力及耐光性均弱于二氧化钛，价格低廉，被广泛用于 PO、乙烯基、ABS、PS、PC、尼龙和聚甲醛等塑料的生产加工。在聚氨酯和氨基树脂中，其着色效果较差。

（二）有机颜料

无机颜料大都用于需要遮盖或需要高温度加工的塑料制品，而有机颜料主要用于对色泽亮度有较高要求的塑料制品。有机颜料常常和无机颜料配合使用。有机颜料商品化的产品有上千种，这里仅举例说明。

1.颜料黄 13

联苯胺双偶氮颜料，易分散，高着色力黄色品种，价格低廉。使用温度不超过 200 ℃。

2.颜料橙 64

苯并咪唑酮颜料，色相非常干净，具有高着色力，以及优异的耐热性、耐光性，是高性能嵌色品种，可用于与食品接触的制品的着色。

3.颜料红 122

喹吖啶酮颜料，外观呈非常鲜艳的蓝光红色，着色力强，具有优异的耐迁移性和热稳定性。

4.颜料紫 19

喹吖啶酮颜料，具有非常优异的耐溶剂性和耐迁移性，分散性良好。

5.颜料紫 23

二噁嗪颜料，外观呈亮丽紫色，色品性能非常优异，可与酞菁颜料媲美，不能用于浅色制品的着色。

6.颜料棕 25

苯并咪唑酮颜料，性能非常优异的棕色品种，在 PVC 制品中的各项性能都十分优异，耐候性好，用于 HDPE 注塑制品不会引起扭曲。

7.颜料蓝 15

不稳定的 α 型铜酞菁蓝颜料，具有高着色力以及优良的耐光性和耐候性，价格低廉。

8.颜料绿 7

铜酞菁颜料，外观呈明亮绿色，酞菁颜料拥有高着色力以及优良的耐光性、耐热性，适合所有塑料的着色，用于 HDPE 注塑制品会引起变形。

（三）溶剂染料

溶剂染料可以分为两类：一类是直接溶解在有机溶剂中的染料，例如酮类染料、醛类染料和酸类染料；另一类是需要通过分散剂将染料粒子分散到有机溶剂中的染料，如硫化黑。

（四）荧光增白剂

荧光增白剂是一类有机化合物，能够吸收波长为300～400 nm的紫外线，将吸收的能量进行转换，辐射出400～500 nm的紫色或蓝色荧光，从而弥补被物品所吸收的蓝光，提高制品的白度，又不降低其亮度。此外，在普通颜料中添加少量荧光增白剂，有使色彩鲜亮的效果。

1.荧光增白剂PEB

外观为黄褐色粉末，荧光色调为蓝色。不溶于水、乙醚、石油醚，可溶于苯、丙酮、氯仿、乙醇、醋酸等。荧光增白剂PEB主要用于PVC、醋酸纤维素的增白和增艳。在透明PVC制品中的用量一般为0.05%～0.1%，在不透明制品中的用量为0.01%～0.1%。此外，荧光增白剂PEB还可用于PE、PS、聚酯、PP酸酯等塑料的增白，在透明塑料中的用量一般为0.05%。

2.荧光增白剂DBS

外观为绿黄色粉末，无毒。其能吸收波长为372～380 nm的紫外线，熔点360 ℃，分解温度>360 ℃。微溶于乙醇、苯、甲苯、水等，耐强酸、强碱。其常用于PP、PE、PS、PVC、高耐冲PS、ABS等塑料的生产加工。

3.荧光增白剂OB

外观为淡黄色粉末，荧光色调为蓝色，能吸收最大波长为375 nm的紫外线。可用于塑料和涂料的增白和增艳，耐热性优良，耐光性也较好。在透明PVC制品中的用量为0.01份，在白色或彩色制品中的用量为0.03～0.1份。

（五）珠光颜料

珠光颜料能使塑料在一定角度上强烈反射光线，产生像珍珠一样的晶莹闪光。目前使用的珠光颜料主要有天然珠光颜料和合成珠光颜料两类，前者由鱼鳞制成，无毒；后者多为铅的化合物，如碳酸铅、砷酸铅、磷酸铅等，有毒。在着色配方中，珠光颜料的用量一般为1～3份。

（六）金属颜料

金粉是铜粉或青铜（铜锌合金）粉，外观呈金色。其粒径越小，遮盖力就越强。

铝粉（又称银粉），分为粗铝粉、细铝粉。其呈现的颜色与粒径大小有关，具有良好的着色力和遮盖力。

在着色配方中，金属颜料用量一般为1%～2%。

四、着色剂的应用

（一）PE 着色配方设计

PE 着色配方设计应注意如下几点：

①迁移性大的着色剂加入 PE 后，会使 PE 发生渗色和喷霜现象。

②含有 Mn、Co、Cu、Zn、Ti 等金属及盐的着色剂，会促进 PE 的光氧化。

（二）PP 着色配方设计

PE 可选用的着色剂也适于 PP，只是 PP 的成型温度比 PE 高，因此着色剂的耐热性要好。

PP 着色配方设计应注意如下几点：

①Cu、Mn、Sn 等金属离子会促进 PP 的光氧化、热氧化，其促进程度较 PE 大。

②炭黑、锌白等着色剂兼有抗氧剂的作用。

③钛白、群青等着色剂在紫外线的照射下，会促进 PP 氧化。

（三）PS 着色配方设计

PS 是最易于着色的塑料，可选用所有着色剂品种。PS 可大量使用有机颜料和溶剂染料，因无机颜料不透明而用得少一些。PS 的着色剂使用量少，一般为 0.1%～0.2%。

（四）尼龙着色配方设计

尼龙的着色常用无机颜料和炭黑。尼龙着色配方设计时应注意如下几点：

①尼龙本身呈微黄色，因此着色剂的遮盖力要强。

②尼龙对水敏感，因此着色剂含水量要低，不宜用含结晶水的着色剂。

③尼龙成型温度较高，在 250 ℃以上，所以要注意所使用的着色剂的分解温度，最好使用无机颜料。

第二节　抗静电剂

塑料材料的体积电阻率都非常高，是非常好的绝缘材料。因此，聚合物材料及制品在动态应力及摩擦力的作用下常产生表面电荷集聚，即产生静电。静电会导致材料吸附尘土，静电释放也会造成材料破坏，甚至会引起火灾和电伤人体等情况发生。

消除静电的方法包括改变材料表面性质、调节环境湿度、机械导电。其中，改变材料表面性质是人们能够主动避免材料产生静电的主要方法。改变材料表面性质的方法主要是加入抗静电剂或导电填料，以及在材料表面涂覆导电涂料。

能够减少聚合物材料静电产生和静电累积等现象的助剂被称为抗静电剂。

一、抗静电剂的分类

（一）根据使用方法分类

根据使用方法，抗静电剂可分为外抗静电剂、内抗静电剂。

1.外抗静电剂

使用时，首先将抗静电剂溶于适当溶剂，然后以喷涂或浸渍的方法将抗静电剂涂覆于塑料上，再使溶剂蒸发，最后使抗静电剂留在塑料表面。其作用机理是在抗静电剂包覆塑料表面后，其亲水性基团在空气一侧取向排列，通过吸附空气中的水分，在基材表面形成均匀分布的导电层，或自身离子化传导表面电荷达到抗静电效果。非极性链段会迁移至材料里层，使其具有一定的耐摩擦性。外抗静电剂的优点是所需的抗静电剂用量较少，效果直接；缺点是抗静电性不稳定，可能会引起印刷困难和焊封困难。

2.内抗静电剂

使用时，首先将抗静电剂加入聚合物配方，然后制造出成品，最后抗静电剂迁移至聚合物表面。内抗静电剂的作用包括：一是尽量抑制静电荷的产生，起到润滑剂作用，使摩擦和静电现象得以减少；二是使产生的电荷尽快漏泄，内抗静电剂分子能排列于塑料表面，吸附空气中的水分子后形成水膜，这层水膜在塑料表面提供了一层导电的通路，加强了电荷通向空气的传导作用。

（二）根据抗静电剂分子中的亲水基能否电离分类

根据抗静电剂分子中的亲水基能否电离，抗静电剂可以分为离子型抗静电剂和非离子型抗静电剂。

1.离子型抗静电剂

亲水基电离后带负电荷的为阴离子型抗静电剂，带正电荷的则为阳离子型抗静电剂。如果抗静电剂的分子中具有两个以上的亲水基，而电离后又可能分别带有正、负不同的电荷，则其为两性离子型抗静电剂。

（1）阴离子型抗静电剂

阴离子型抗静电剂的种类很多，包括硫酸衍生物、磷酸衍生物、高分子阴离子等。

①硫酸衍生物。

有机硫酸衍生物包括硫酸酯盐和磺酸盐。在分子结构上，虽然硫酸酯盐与磺酸盐仅相差一个氧原子，但它们的性质却有较大差异。硫酸酯盐的水溶性比磺酸盐的强，宜作乳化剂和纤维处理剂，但对氧和热比较敏感。磺酸盐的用途虽然有限，但对氧和热却比硫酸酯盐稳定得多。

②磷酸衍生物。

作为抗静电剂使用的磷酸衍生物，主要是阴离子型的单烷基磷酸酯盐和二烷基磷酸酯盐。磷酸酯盐的抗静电效果一般比硫酸酯盐好，因此磷酸酯盐可用作塑料的内抗静电剂和外抗静电剂。

③高分子阴离子。

高分子阴离子抗静电剂的种类中，典型的有聚乙烯磺酸钠和聚苯乙烯磺酸钠。聚苯乙烯磺酸钠作为抗静电剂加入 PET 树脂，不仅能减小 PET 树脂的体积电阻率，还能使 PET 树脂具有优良的热稳定性。

（2）阳离子型抗静电剂

阳离子型抗静电剂主要包括多种胺盐、季铵盐和烷基咪唑啉，其中以季铵盐最为重要。阳离子型抗静电剂对塑料材料有较强的附着力，抗静电性优良，是塑料制品抗静电剂的主要种类。

① 季铵盐。

季铵盐是阳离子型抗静电剂中附着力最强的一种。作为外抗静电剂，其有优良的抗静电性。但季铵盐耐热性差，容易分解，因此将季铵盐作为内抗静电剂使用时，应注意热分解问题。

②烷基咪唑啉。

可作为 PE、PP 等塑料的抗静电剂。

③胺盐。

胺盐的种类很多，有烷基胺盐、环烷基胺盐等，一般多作为外抗静电剂。

（3）两性离子型抗静电剂

主要包括季铵内盐、两性烷基咪唑啉盐等。在一定条件下既可以起到阳离子型抗静电剂的作用，又可以起到阴离子型抗静电剂的作用。这类抗静电剂的最大特点在于它们既能与阴离子型抗静电剂配合使用，也能与阳离子型抗静电剂配合使用，且对塑料材料有较强的附着力，因而能较好地发挥抗静电作用。

①季铵内盐。

季铵内盐的分子中同时具有季铵型氨结构和羧基结构，在大范围 pH 值条件下的水溶性良好。十二烷基二甲基季铵乙内盐是良好的外抗静电剂，含有聚醚结构的两性季铵盐的耐热性良好。

②两性烷基咪唑啉盐。

两性烷基咪唑啉盐的抗静电性优良，与多种树脂相容性良好，是 PP、PE 等塑料制品的优良内抗静电剂。

2.非离子型抗静电剂

非离子型抗静电剂：带有羟基、醚键、酯键等不电离基团的抗静电剂。

一般非离子型抗静电剂的抗静电效果比离子型抗静电剂差。要达到与离子型抗静电剂相同的抗静电效果，非离子型抗静电剂的添加量需要为离子型抗静电剂的两倍。但非离子型抗静电剂热稳定性良好，也没有离子型抗静电剂易引起塑料老化的缺点，所以，非离子型抗静电剂是用于塑料内部的主要抗静电剂。非离子型抗静电剂主要有多元醇、多元醇酯、胺类衍生物等。

（1）多元醇和多元醇酯

①多元醇。

甘油、山梨醇、聚乙二醇等吸湿性较好的多元醇有一定的抗静电性，但由于附着力差，目前很少被使用。

②多元醇酯。

主要包括山梨糖醇单月桂酸酯和单硬脂酸甘油酯等，具有一定的亲水性，可以作为塑料的内抗静电剂。

（2）胺类衍生物

①烷基胺-环氧乙烷加成产物。

烷基胺-环氧乙烷加成产物的耐热性良好，作为塑料的内抗静电剂能发挥良好的抗静电作用，是目前塑料领域消费量最大的内抗静电剂。适用于 PE、PP，同时也作为纤维的外抗静电剂。

②酰胺-环氧乙烷加成产物。

酰胺-环氧乙烷加成产物可作为纤维的外抗静电剂，以及塑料的外抗静电剂和内抗静电剂。

③胺-缩水甘油醚加成产物。

伯胺、仲胺与缩水甘油醚的反应物可作为塑料的外抗静电剂和内抗静电剂。

二、抗静电剂的应用

抗静电剂有外涂法和内加法两种用法。

外涂法是将所用的抗静电剂配成水溶液或有机溶液，均匀地涂覆在制品表面。抗静电剂的浓度一般为 0.5%～3%。溶液与塑料制品表面应具有合适的相容性，否则采用这种方法涂上的抗静电剂会因摩擦、洗刷而损失。另外还要注意涂覆对制品表面的影响。

在实际应用中，对抗静电剂的使用大多采用内加法，即先用树脂做载体，加入大量抗静电剂进行混合、混炼，制成抗静电剂母粒，然后用母粒与加工所用的树脂混合制备制品。采用内加法时，不仅要求抗静电剂具有优良的抗静电性和一定的析出性，还要求其与树脂有一定的相容性，且对树脂本身的透明性和加工性能也不能产生不利影响。

对于一些透明性高的树脂，加工时需要控制抗静电剂的用量。例如，对聚甲基丙烯酸甲酯，如果抗静电剂用量超过 0.5%，制品透明性就达不到使用要求。一些聚合物，如 PA66、PET 的加工温度较高，因而要求所使用的抗静电剂的分解温度、气化温度必须高于加工温度。对于 PVC 树脂来说，几乎所有的抗静电剂都会使其配料的热稳定性下降，尤其是季铵盐型阳离子抗静电剂，有促进 PVC 脱氯化氢的降解作用，要特别注意在加工中导致制品的变色、分解问题。还要注意，抗静电剂一般都有较好的润滑性，大量使用不仅会不可避免地改变聚合物原来的加工性能，还会影响制品的印刷性、焊接性。此外，由于抗静电剂一般都是吸湿性化合物，其在成型加工前必须充分干燥。

用内加法使用抗静电剂除了应注意抗静电剂的自身效果，还应注意抗静电剂在聚合物中的分散性、析出速度、持久性。

在相对湿度低、空气十分干燥的地区，当使用通常的抗静电剂取得的效果不理想时，可以添加导电填料，如导电炭黑（高结构炭黑）、金属的微纤维、微箔和细粉。导电填料的添加量一般要求为 10%～50%，因为只有当其在聚合物基体中形成一定的连续的导电通路，才能起到有效的抗静电作用。导电填料的抗静电效果与其在聚合物中的分散程度和浓度有直接的关系。

第三节　抗菌剂与防霉剂

一、抗菌剂

抗菌剂是一种对细菌、霉菌等微生物高度敏感，并能通过物理作用或化学反应杀死或抑制微生物在材料表面附着的聚合物添加剂。其在塑料中的添加量很少，但能在保持塑料常规性能和加工性能不变的前提下，起到杀菌的功效，对塑料制品的生产加工起着十分重要的作用。

想要提高塑料制品的抗菌性，可以通过在制品中掺入抗菌剂等功能材料实现，相关人员可通过表面接触杀灭微生物或抑制制品表面微生物繁殖的方式，保持制品的长期卫生。

（一）抗菌剂的作用原理

抗菌剂的作用原理就是干扰和破坏微生物的正常代谢功能，最终导致微生物的生长繁殖被抑制和微生物死亡。抗菌剂对微生物的作用大小与抗菌剂的浓度以及作用时间的长短有密切关系。有的抗菌剂只是使微生物生命活动的某一过程受到抑制。

抗菌剂的作用包含杀菌和抑菌。抗菌机理一般可分为两大类：一类是破坏菌体的结构，另一类是影响菌体的生理活动。

抗菌剂破坏菌体结构的情况又可分为几种类型：①作用于细胞壁，如季铵盐类抗菌剂可吸附带负电荷的细菌，引起细胞壁结构损害，使内容物漏出。②作用于原生质膜，如有毒的重金属离子抗菌剂、嘧啶类抗菌剂、咪唑类抗菌剂。③作用于细胞内容物，如醌类抗菌剂、酚类抗菌剂、酮类抗菌剂等。

抗菌剂影响菌体生理活动的情况可分为以下几种：①对酶体系作用，如重金属离子抗菌剂、甲醛等。②抑制呼吸作用，如2，4-二硝基苯酚抑制微生物的氧化磷酸化。③对有丝分裂影响，如α-萘胺、酚类抗菌剂等。

一种抗菌剂对微生物的作用不是单一的，可能同时作用于微生物的几个方面，也可能作用于微生物的一个方面但会对微生物产生多方面的影响。

（二）抗菌剂的主要品种

1.无机抗菌剂

无机抗菌剂是塑料制品中应用最广泛、市场潜力最大的抗菌剂。它是利用无机物负载了具有抗菌性的金属及其离子的一类抗菌剂，其中金属离子又以银、铜、锌、钛为主。

（1）磷酸盐类抗菌剂

磷酸盐类抗菌剂的耐高温性好，结构稳定，耐变色性优，是一类重要的无机抗菌剂。它的主要品种有磷酸锆盐抗菌剂、磷酸钙盐抗菌剂、磷酸钛盐抗菌剂等。

（2）银沸石类抗菌剂

沸石是碱金属或碱土金属的铝硅酸盐化合物。含银 2.5%的银沸石类抗菌剂耐变色性良好，是应用最为广泛的无机抗菌剂。

（3）陶瓷抗菌剂

陶瓷抗菌剂具有耐热、耐高温、颜色稳定的优点。

（4）可溶性玻璃抗菌剂

可溶性玻璃抗菌剂可以缓慢地释放银离子而产生抗菌效果。

（5）硅胶类抗菌剂

硅胶类抗菌剂具有和金属离子进行交换的能力。其经过溶液处理，可以抑制细菌的产生和繁殖。

2.有机抗菌剂

（1）酚类有机抗菌剂

①五氯苯酚，纯品为白色粉末或针状结晶，可随蒸气挥发。熔点 174 ℃，

沸点 309～310 ℃，300 ℃以上分解，具有刺激性气味。25 ℃饱和溶液的 pH 值为 5.7。极易溶于乙醇和乙醚，易溶于苯和丙酮，微溶于水。

五氯苯酚是目前广泛使用的抗菌剂，抑制微生物繁殖的能力强；分散在基材中不显色，化学性能稳定，挥发性低，抗菌防霉长效性好。主要用于 PVC 等塑料的生产加工。

②五氯苯酚钠，外观为白色或灰白色结晶，有芳香味。熔点 170～174 ℃，沸点 310 ℃。溶于水、稀碱液、乙醇、丙酮、乙醚、苯等，微溶于烃类。五氯酚钠有很强的抗菌和防霉作用，毒性较低，可以作为食品包装的添加剂。

③邻苯基苯酚，外观为白色结晶，熔点 57 ℃，沸点 285 ℃，闪点 123 ℃，低毒。邻苯基苯酚可广泛用于塑料制品的抗菌防霉。

（2）季铵盐类有机抗菌剂

季铵盐类有机抗菌剂是水处理剂中应用较为广泛的一类。此类抗菌剂是一种阳离子表面活性剂，具有优异的亲水性、吸附性和表面活性。其疏水基中含有水溶性基团，水溶性基团可以提高季铵盐在水中的分散性，增强季铵盐对细菌体的吸附作用，从而阻止细菌的生长与繁殖，增强抗菌效果。

（3）吡啶类有机抗菌剂

2，3，5，6-四氯-4-甲磺酰基吡啶，也叫道维希尔，外观为白色粉末，熔点 141～143 ℃，挥发性差，属于低毒物质。它难溶于水，可溶于二甲基甲酰胺、丙酮、丁酮、二氯甲烷、苯等有机溶剂。其对多种细菌和霉菌都有明显的抑制或杀灭作用，而且效果持续时间长。可广泛应用于涂料、塑料、建材等各种材料的抗菌防霉。

（4）含卤素类有机抗菌剂

含卤素类有机抗菌剂按其卤原子的性质和作用，可分为活性氧化型和共价稳定型两类。前者在使用时会分解出活性原子，主要通过氧化作用杀菌；后者则属于卤代化合物，其卤原子只是起改性作用。

（5）腈类有机抗菌剂

腈类有机抗菌剂的主要品种为四氯间苯二甲腈。四氯间苯二甲腈俗称百菌清，外观为白色无味结晶，其工业品通常为略有刺激气味的浅黄色结晶。熔点250～251 ℃，沸点 350 ℃。溶于丙酮、环己酮、二甲亚砜、二甲苯等有机溶剂，在水中溶解度极低。常温下，其对酸、碱及紫外线等均稳定，在强碱中容易分解，不腐蚀金属。具有优异的热稳定性，毒性极低。可广泛应用于涂料、皮革、木材、塑料等制品的生产加工。

（6）有机金属抗菌剂

8-羟基喹啉铜，一种黄绿色粉末，分解温度超过 270 ℃，毒性较低。在各种溶剂中的溶解度都不大，化学稳定性好，不挥发，在紫外线下也很稳定。可作为织物、皮革、塑料和涂料等的抗菌防霉剂。

（7）咪唑类有机抗菌剂

N-（2-苯并咪唑基）-氨基甲酸甲酯，俗称多菌灵，白色结晶，熔点 302～307 ℃；微溶于水、乙醇、苯等；对热、光、碱较稳定，在酸性环境中易与酸结合生成盐；毒性低，是实际无毒物质。可应用于塑料、橡胶、纤维、皮革、木材、涂料等制品的生产加工。

（8）天然抗菌剂

天然抗菌剂是天然提纯物，如壳聚糖、桧木醇、辣根、江南竹油等，均具有抗菌性。比较常用的是壳聚糖。

（9）高分子抗菌剂

高分子抗菌剂是根据天然高分子的抗菌机理模仿合成的抗菌剂，具有很强的抗菌活性和生物选择性。其合成方法简单，结构易于控制，可实现大规模工业生产。

二、防霉剂

防霉剂是一类能抑制霉菌生长和杀灭霉菌的添加剂，其作用是使塑料材料免受霉菌侵蚀，保持良好的外观和物理性能。

无论是天然高分子、合成高分子还是某些金属材料，都会受到微生物的侵蚀。其中，天然高分子的木制品、纤维制品、皮革等非常容易受霉菌的侵蚀。而像塑料、合成橡胶这一类合成高分子，虽然抗微生物性比天然高分子要强些，但在某些情况下，也会发生类似的微生物侵蚀问题。

微生物，尤其是霉菌（真菌）的作用，会使材料变色，产生霉斑，甚至生长菌丝。用显微镜可以观察到材料被侵蚀的地方有许多微细的穿孔。一般而言，加工塑料时加入助剂，如增塑剂、着色剂、光稳定剂、抗氧剂等，能够改善产品的性能，满足人们的使用要求，但同时也为霉菌的生长提供了营养物质。在自然环境中，尤其是在华南地区，高温湿热的天气会使塑料制品滋生各种霉菌。霉菌的生长和繁殖易使塑料制品内部分子结构遭到破坏，使塑料制品的物理性能和电气性能降低，从而影响其使用寿命，限制了塑料产业的进一步发展。因此，塑料制品的防霉技术引起了人们的广泛关注，提高材料的防霉性能对塑料产业的发展有着至关重要的意义。目前，添加防霉剂是塑料制品生产加工时最常用的防霉技术。

霉菌种类繁多，在适当的温度和湿度（温度 26～32 ℃、相对湿度在 85%以上）条件下极易繁殖。但某些霉菌在 0 ℃以下或在 65 ℃以上仍能够生存。当环境的相对湿度为 95%～100%时，霉菌生长最为迅速；当环境的相对湿度低于 70%时，很少霉菌能够生长，但霉菌孢子在低湿度条件下仍能够长存。

霉菌生长所需要的养分大致有：碳源（葡萄糖、淀粉、有机酸），氮源（胺盐、硝酸盐、氨基酸、蛋白质），无机盐类（Ca、Na、Mg、K、P、S 等盐类）以及维生素。

对合成高聚物纯树脂而言，除少数树脂（聚氨酯、醋酸树脂等）外，绝大多数是不易受霉菌侵蚀的。但是，由于这些聚合物中添加了增塑剂、润滑剂、光稳定剂等容易滋生霉菌的物质，当它们受霉菌侵蚀时，塑料制品就会出现老化现象。其中，不同的增塑剂受霉菌破坏的程度是不一样的。

（一）防霉剂的作用原理

防霉剂对霉菌有杀灭作用，其通过抑制霉菌菌体内各种酶的活性，消灭孢子或破坏、阻止孢子发芽，来实现防止霉菌生长和繁殖的目的。

防霉剂必须具备防霉效果突出、耐水性能优异、要求用量小等特点，并具有良好的耐热性。其分解温度要高于塑料加工成型温度，与树脂和其他助剂的相容性好，不发生有害的化学反应，且毒性小。

（二）防霉剂的主要品种

防毒剂可分为天然防霉剂、无机防霉剂、有机防霉剂和复合防霉剂四类。这里主要介绍有机防霉剂。

1.取代芳烃类化合物防霉剂

取代芳烃类化合物防霉剂以卤代酚为主。卤代酚是有效的防霉剂，主要用于 PVC 等塑料的生产加工。五氯苯酚和五氯苯酚钠等酚类化合物在抗菌剂中已经介绍，它们同时也是优良的防霉剂。

2.有机金属化合物防霉剂

有机金属化合物防霉剂的品种较多。不同金属抑制霉菌的能力也各不相同。以前使用的有机汞、镉、锡等金属具有毒性，应禁止使用。

3.酰胺类化合物防霉剂

酰胺类化合物防霉剂主要有水杨酰苯胺及其卤代衍生物。

水杨酰苯胺为白色或乳白色粉末，熔点 135.8～136.2 ℃，无臭，无刺激性，防霉效果较为持久。常作为 PVC 电缆料的防霉剂。

4.杂环化合物防霉剂

5，6-二氯苯并噁唑啉酮。外观为白色或米黄色粉末，熔点 196～197 ℃，挥发性差，在水中溶解度低，毒性较小，用量为 1%。使用时可将其直接拌入物料，也可将其溶于乙醇后再加入物料。用于塑料、电工材料及其制品等的生产加工，防霉效果优良。

N-（三氯甲基硫代）邻苯二甲酰亚胺，又名灭菌丹。外观为粉末状，熔点175 ℃，无刺激性，防霉效果较为持久，热稳定性好。可作为PVC、乙烯基塑料的防霉剂，适用于压延、挤出等工艺环节。其与树脂相容性好，可用于透明制品和不透明制品。

2-（4-噻唑基）苯并咪唑。外观为白色或淡黄色粉末，化学稳定性好，耐300 ℃高温，用量通常为0.05%～0.1%。使用时，可加入塑料薄膜和板材中，或涂敷它们表面，可防止霉菌的滋生；也可用于电子线路板用环氧树脂或聚氨酯树脂的防霉处理。

5.有机磷化物防霉剂

有机磷化物防霉剂以有机磷酸酯为主，如卤代磷酸酯。卤代磷酸酯还可兼作阻燃剂。

6.防霉环氧增塑剂

防霉环氧增塑剂是很好的防霉剂与增塑剂。其主要优点是无毒，在软质PVC防霉配方中应用较广。

（三）防霉剂的应用

由于防霉剂的加入可能会影响材料的物理性能和力学性能，所以在选择防霉剂时应主要考虑以下几点：

①添加量少，适用范围广，对侵蚀塑料制品的各种霉菌都具有极高的杀灭能力，在使用中应对人和环境无害。

②本身的稳定性高，耐热性、耐候性良好，对塑料制品的电性能影响小。

③不易升华，不易被水、油或其他溶剂析出，无色无味。

④使用方便，价格低廉。

第四节　抑烟剂与发泡剂

一、抑烟剂

（一）塑料抑烟技术

发生火灾时，烟是最先产生且最易致命的物质。对某些高分子聚合物而言，抑烟比阻燃更为重要。

聚合物燃烧时会产生大量的烟雾，有的聚合物燃烧时产生的烟雾是极其有毒的。当在聚合物中加入阻燃剂，尤其是含卤素的阻燃剂和氧化锑时，聚合物燃烧会产生更多的烟雾和有毒气体。这些有毒气体会污染环境，并威胁人们的生命安全。而烟雾则会直接影响人们的能见度，使人们找不到逃生的方向。PE、PP 等塑料，如果充分燃烧，并不会产生黑烟；如果不完全燃烧，则会产生浓厚的黑烟。这是由于其受热分解不完全，分子主链断裂而生成的低分子烃含有较多碳原子，这些碳原子释放出来形成炭微粒，这些炭微粒分散在烟雾中，就会形成黑烟。

聚合物的抑烟性能越来越受到人们的关注，尤其是对于像 PVC 这样的聚合物，其抑烟技术的发展已成为阻燃科技领域的关注热点。目前，抑制聚合物燃烧时产生烟雾的主要方法是向聚合物中添加抑烟剂。

抑烟剂是一种消除材料在燃烧中产生的烟雾和有害气体的化合物。一般来说，凡是能捕捉烟雾并抑制聚合物热分解产生烟雾的物质，均可称为抑烟剂。在工业生产中，通常采用物理方法，使聚合物降温、与热源隔绝抑制聚合物热分解。至于捕捉聚合物燃烧后产生的烟尘，各种抑烟剂的作用又有不同。近年来，还出现用少量纳米材料对聚合物进行抑烟的技术，其实质就是通过纳米微粒巨大的比表面积和宏观量子隧道效应去吸附烟尘，以达到消烟的目的。

（二）抑烟剂种类

抑烟剂分为无机抑烟剂和有机抑烟剂。

1.无机抑烟剂

（1）钼化合物

钼化合物是常用的无机抑烟剂，其可以与其他阻燃剂配合使用。作为抑烟剂，钼化合物在固相中，通过路易斯酸或还原偶合机理来促进炭层的生成和减少烟量。例如，在 PVC 体系中，以路易斯酸机理催化 PVC 脱氯化氢，形成反式多烯，后者不能环化成芳香族环状化合物结构，而此类化合物是烟的主要成分。抑烟剂含量在每 100 份 PVC 中为 0.5～50 份，生烟量降低 30%～80%，氧指数提高 10%～20%。在 ABS 中，若用 5%三氧化钼代替 5%锑白，生烟量可减少约 30%。

常用的钼化合物抑烟剂有三氧化二锑、八钼酸铵等。

（2）铁化合物

铁化合物的抑烟机理：其在凝聚相中通过交联促进成炭，又可作为氧化催化剂，将聚合物中碳转化为一氧化碳和二氧化碳。铁化合物的主要品种有二茂铁、三氧化二铁、草酸铁钾、草酸亚铁等，与卤化物并用抑烟效果更佳。

（3）还原偶联抑烟剂

还原偶联抑烟剂的抑烟机理：通过还原偶联机理而促进 PVC 交联抑烟。这类抑烟剂是在聚合物裂解时能产生零价金属的化合物，包括一系列过渡金属的羰基化合物、过渡金属的甲酸盐及草酸盐、一价铜的络合物、一价铜的卤化物等。

（4）金属氢氧化物

金属氢氧化物的抑烟机理：在加热过程中形成的氧化铝和氧化镁具有较大的比表面积，能吸附烟尘；在固相中促进了炭的形成；水加热变成的水蒸气可以冲淡可燃气体，冲淡烟雾；与含卤化合物受热分解释放出的卤化氢反应(捕捉卤化氢)，从而减少了烟雾中的有毒气体的量。单一的金属氢氧化物抑烟效果很好，两者直接复配使用或与钼化物等配合使用的效果更好。金属氢氧化物的主要品种为氢氧化铝、氢氧化镁。

2.有机抑烟剂

（1）有机硅系

有机硅系抑烟剂是一种成炭型抑烟剂，它在赋予高分子聚合物优异的阻燃抑烟性的同时，还能改善材料的加工性能，提高材料的机械强度，特别是低温冲击强度。

（2）二茂铁系

二茂铁系抑烟剂主要品种有二茂铁和一些有机酸的盐类，它们最适宜做PVC的抑烟剂，加入量为1.5份左右。

二、发泡剂

（一）发泡剂简介

能够使聚合物产生气泡微孔的助剂被称为发泡剂。发泡剂的特点是在受热时能放出气体或在发生化学反应时能放出气体，这些气体在聚合物基体中形成泡沫结构。

制造泡沫塑料的主要目的在于减小材料的密度，从而减轻材料及制品的质量，降低生产成本。发泡剂除能降低塑料制品的生产成本外，还具有其他优点。例如，其能够改善塑料制品的绝热性和塑料制品对声音的阻隔性，改善塑料制品的电气性能，提高塑料制品的抗冲击性和刚性。

（二）发泡剂的主要性能指标

发泡剂主要性能指标是：①起始分解温度；②分解的最高温度；③起始分解温度与生成气体的最终温度之间的温度差；④在给定温度条件下的产气量；

⑤放热或吸热效应强烈度。

其中，起始分解温度和在给定温度条件下的产气量是人们在设计配方时必须认真考虑的指标。测定发泡剂指标的主要方法是热分析法，该法可测定发泡剂的热数据（起始分解温度、分解温度峰值、分解的放热或吸热等），还能测定发泡剂在静态及动态温度条件下的质量损失。

（三）使用发泡剂制造泡沫塑料的方法

1.物理方法

发泡剂的物理状态发生变化，如挥发性发泡剂的蒸发或固体发泡剂的升华，产生气体。

2.化学方法

发泡剂经加热分解放出气体，使聚合物机体形成气泡。

3.合成反应发泡方法

在塑料的形成过程中，发泡剂伴随合成反应而产生气体。

（四）发泡剂的主要品种

根据释放发泡气体的方式，发泡剂可分为化学发泡剂和物理发泡剂。

1.物理发泡剂

物理发泡剂主要通过自身物理状态的变化来实现聚合物基体的发泡。在加工过程中，当压力消除时，压缩气体膨胀可以形成气源，或者液体汽化形成气体。

物理发泡剂包括三类：气体发泡剂、可溶性固体发泡剂、挥发性液体发泡剂。气体发泡剂有空气、二氧化碳和氮气等；可溶性固体发泡剂有水溶性聚乙烯醇等；挥发性液体发泡剂有氟利昂、低碳烷烃、苯和乙醇等。其中，挥发性液体发泡剂是使用较广泛的发泡剂。由于液体蒸发是一个吸热过程，因而用挥发性液体发泡剂容易控制温度，有利于制得较厚的发泡体。

（1）二氧化碳

以二氧化碳为发泡剂的优点是臭氧损耗值为零，无毒、安全，不存在回收利用问题，不需要投资改造发泡设备；缺点是发泡压力与泡沫温度都较高，硬泡产品的热导率高。由于二氧化碳从泡孔中扩散的速度较快，而空气进入泡孔的速度较慢，因此泡沫塑料的尺寸稳定性会受影响。目前，二氧化碳主要用于对绝热性要求不高的供热管道保温泡沫塑料、包装泡沫塑料和农用泡沫塑料等的生产加工。二氧化碳作为氟利昂的替代品，在 PS、聚氨酯、PE、PP 等聚合物发泡材料中得到实质应用，相关技术也在不断发展。

（2）烃类发泡剂

用作聚氨酯泡沫塑料发泡剂的烃类化合物主要是环戊烷。环戊烷的硬泡体系具有导热系数较低、抗老化性好、臭氧损耗值为零等优点，常被用于冰箱、冷库和建筑材料的隔热保温等领域。

2.化学发泡剂

化学发泡剂又分为有机类发泡剂和无机类发泡剂，在一定温度下会热分解或发生反应，产生气体，使聚合物基体发泡。化学发泡剂在热分解或发生反应时，既可以是放热的，也可以是吸热的，但大部分是放热的。

（1）无机类发泡剂

①碳酸氢钠：碳酸氢钠即小苏打，为白色粉末，分解温度 130～180 ℃，价格低廉，来源广泛。但是，用这类发泡剂很难得到高质量的发泡体，因为它们在基体中难以分布均匀。碳酸氢钠主要用作橡胶、酚醛树脂的发泡剂，也可作为 PS 和 PVC 的发泡剂。

②碳酸氢铵：碳酸氢铵的外观为白色结晶粉末，分解温度 30～60 ℃，受热易释放出氨气、二氧化碳，溶于水，不溶于乙醇，无毒。碳酸氢铵主要作为橡胶、酚醛树脂的发泡剂。碳酸氢铵的发气量在所有化学发泡剂中是最大的，但分解温度低，易在混炼等过程中提前分解损失，故用量大，而且放出的氨气有难闻的臭味，有时会造成不利影响。

（2）有机类发泡剂

①偶氮二甲酰胺：偶氮二甲酰胺的外观为橘黄色结晶粉末，分子量 116，溶于碱，不溶于醇、汽油、苯等一般有机溶剂，难溶于水，分解温度 190～205 ℃，不易燃。偶氮二甲酰胺热分解时可产生氮气、一氧化碳和少量二氧化碳。室温贮存甚为稳定，有自熄性，但在 120 ℃以上时会因分解产生大量气体，在密闭容器中易发生爆炸，因此保存时应注意安全防护问题。

②偶氮二异丁腈：偶氮二异丁腈的外观为白色结晶粉末，相对密度 1.1 左右，熔点＞99 ℃。溶于甲醇、乙醇、丙酮、乙醚、石油醚等有机溶剂，不溶于水，分解温度 98～110 ℃，热分解产出的气体主要为氮气。在室温下分解缓慢，在 30 ℃下贮存数月后会显著变质，应在 10℃以下存放。

偶氮二异丁腈为最早使用的偶氮类发泡剂，适用于 PVC、环氧树脂、PS、酚醛树脂等塑料制品的发泡。特别是在 PVC 中，使用偶氮二异丁腈可以很容易获得硬质和软质泡沫体。偶氮二异丁腈分解时的发热量低。其主要缺点是毒性较大。

③N，N′-二亚硝基五次甲基四胺：N，N′-二亚硝基五次甲基四胺的外观为淡黄色结晶细微粉末，分子量为 186.18，本身无臭味，分解温度 190～205 ℃，热分解产的气体主要是氨气，也有少量一氧化碳和二氧化碳。其易燃，与酸或酸雾接触会迅速起火燃烧，故其不能与这些物质共同存放，并应在其周围严禁明火。

N，N′-二亚硝基五次甲基四胺是应用广泛的发泡剂之一，在塑料中多用于 PVC 的发泡。其发气量大，发泡效率高；分解时的发热量大，易造成厚制品的中心部位炭化；分解产物有恶臭，与尿素并用可消除臭味。本品在 PVC 制品配方中的用量为 7%～15%。

④聚硅氧烷-聚硅氧基醚共聚物：聚硅氧烷-聚硅氧基醚共聚物俗称发泡灵，外观为黄色或棕黄色油状黏稠透明液体，是生产聚氨酯泡沫塑料常用的泡沫稳定剂，也可作为聚氨酯类、丙烯酸酯类等涂料的流平剂。

⑤4，4′-氧代双苯磺酰肼：4，4′-氧代双苯磺酰肼是塑料和橡胶工业常

用的低温发泡剂，主要由二苯醚磺化后与水合肼反应而得。该发泡剂的优点是分解温度较低，不需要加分解助剂，适用于各种合成材料，毒性极低，适用于接触食品的包装材料。电绝缘性好，可发挥硫化剂和发泡剂双重作用，泡孔细密均匀。

（五）发泡剂的选择

选择发泡剂时应该特别注意以下几点：

①发泡剂的分解温度应与聚合物的加工温度相匹配。

②在聚合物加工过程中，可控制发泡气体的释放。

③发泡剂的分解不应是自催化的，以避免热积累使聚合物遭受热破坏。

④发泡气体应当具有化学惰性，比如氮气和二氧化碳。

⑤化学发泡剂应容易加入聚合物，与聚合物相容性较好，能在高聚物中均匀分散。

⑥聚合物熔体适宜的强度是保证发泡剂产生的气泡均匀、致密的重要因素。聚合物熔体的强度与聚合物本身结构、加工温度、压力、剪切速率等条件有关。

除上述注意事项外，还应注意考虑一点，即不管是发泡剂本身，还是其分解产物，都不应对人类健康产生危害，也不应对塑料制品的热稳定性及力学强度有任何不利的影响。发泡剂的分解残余物应与塑料相容，不会渗出，不能使塑料制品变色。

在化学发泡剂的使用过程中，某些金属氧化物在一定程度上对化学发泡剂的分解温度、发气量和泡孔的质量影响较大。同时，也有一些抑制剂可使发泡剂开始发泡的时间推后，如有机酸（马来酸、富马酸）、酰卤（硬脂酰氯、苯二甲酸氯）、酸酐（顺丁烯二酸酐、苯二甲酸酐）、多元酚（对苯二酚、萘二酚）等。

第五节　防白蚁剂与防雾剂

一、防白蚁剂

（一）防白蚁剂的作用原理

白蚁主要分布于热带和亚热带地区。它们喜欢食用植物的纤维素，因此，一些天然高分子材料或含有纤维素填料的塑料极易遭到白蚁的攻击。塑料中有机填料的含量越高，就越容易受到白蚁的攻击。白蚁在觅食过程中有咬食习性，对于一些无营养价值的塑料，如聚氯乙烯、聚乙烯、聚苯乙烯等，会进行咬食破坏。在热带和亚热带地区，以塑料为绝缘层的电线电缆经常因被白蚁咬食而出现小洞穴。白蚁对电线电缆的破坏是一个世界性问题，各国对此都很重视。防治蚁害的有效方法之一是将一种物质加入塑料配方中，使白蚁咬食时中毒死亡，或发出一种气味使白蚁不敢接近，这类物质通常被称为防白蚁剂。

（二）防白蚁剂的分类

防白蚁剂根据化学组成可分为无机和有机两类。无机防白蚁剂主要是以食杀方式灭蚁，使白蚁咬食后中毒死亡；有机防白蚁剂有的是通过接触后灭蚁，有的则具有驱蚁功能。

用于塑料制品的防白蚁剂，最好选用有机类，因为有机类防白蚁剂与高分子材料相容性好，能更好发挥接触杀灭和驱避作用，比食杀更有利于保护电线电缆的完好无缺。

防白蚁剂品种繁多，有机防白蚁剂主要有三类：含氯化合物、有机磷、氨基甲酸酯。有机磷和氨基甲酸酯灭蚁效力高，但药力的持续性差。适用于塑料的防白蚁剂主要为含氯化合物。

防白蚁剂除应具有高灭蚁的效力外，还要不影响塑料的物理性能及耐老化性能，用于制作电线电缆时不应该降低其电绝缘性能。此外，还要有良好的耐热性，对人体无毒，对环境无污染。

（三）防白蚁剂的主要品种

1.七氯

外观为白色结晶，具有樟脑味，混合物为蜡状，易溶于二甲苯等溶剂，不溶于水。

2.氯丹

外观为灰白色粉末，不溶于水，溶于有机溶剂。对防治白蚁效果显著，但具有一定的致癌性，现已被淘汰。

3.4-氯-2-苯基苯酚

外观为无色或微黄色，除用作防白蚁剂之外，还可用于塑料防霉。

二、防雾剂

（一）防雾剂简介

育秧棚、蔬菜大棚所需薄膜，以及部分食品和日用品的包装材料，都要求具有高透光率和高透明性。在潮湿的环境中，当温度达到零度以下时，水蒸气就会在包装材料的表面凝结成细微的小水滴，使其表面雾化。对于育秧棚和蔬菜大棚，水蒸气在薄膜表面的凝结会减小光照强度，影响农作物的生长和结果。如用塑料薄膜包装食品和日用品，表面的水滴会严重影响薄膜的透明性，既不美观又影响到商品的展示。

包装材料的防雾问题已经成为塑料生产和使用环节中不得不面对的实际问题，消除雾滴最有效的办法是在材料加工时添加一种防雾剂。防雾剂是一类带有亲水基的表面活性剂，可在塑料表面取向，其疏水基向内，亲水基向外，从而使水易于湿润塑料表面，使凝结的小水滴迅速扩散形成极薄的水膜或凝结成大水珠，顺着薄膜表面流淌下来，避免小水珠因光散射造成雾化现象。

（二）防雾剂的分类与选用原则

1.防雾剂的分类

按照加入塑料的方式不同，防雾剂可分为内加型和外涂型两种。内加型防雾剂其优点是不易损失，效能持久，缺点是对于结晶性较高的聚合物，不能达到良好的防雾效果。外涂型防雾剂是一种能溶于有机溶剂或水的表面活性剂，使用时将溶液涂于材料的表面，优点是使用方便，成本较低，缺点是耐久性差，易被洗除或擦掉，只能用于内加型防雾剂无效的场合或不要求持久性的场合。

按效能的不同，防雾剂可分为初期防雾性、持久性防雾性、低温防雾性和高温防雾性四种。在实际使用中，往往根据制品对防雾效果的要求选择几种防雾剂配合使用。一般情况下，农用薄膜要求具有持久性，包装生鲜食物的薄膜要求具有低温防雾性和初期防雾性。

2.防雾剂选用原则

选用防雾剂应考虑下列因素：

第一，防雾性好，生效迅速，持久性好。

第二，热稳定性好，在塑料加工温度下不产生热分解，即使出现分解现象，其分解物也不会导致聚合物降解。

第三，与其他助剂有较好的适配性，不妨碍其他助剂的作用效果。

第四，不会影响材料的透明性、电绝缘性能、黏着性及耐污染性等。

（三）防雾剂的主要品种

1.甘油单甘脂

外观为白色蜡状，可作为内加型防雾剂，具有良好的初期防雾性和低温防雾性，适用于食品包装薄膜。在聚氯乙烯中添加量为1～1.5份，在聚烯烃中添加量为0.5～1份。

2.甘油单蓖麻醇酸酯

外观为淡黄色液体，可用作内加型防雾剂。初期防雾性和低温防雾性优良，适用于食品包装薄膜。在聚氯乙烯中添加量为1～1.5份，在聚烯烃中添加量为0.5～1份。

3.山梨糖醇酐单油酸酯

外观为黄褐色液体，可用作内加型防雾剂。适用于聚氯乙烯、聚烯烃等塑料制品。

4.山梨糖醇酐单月桂酸酯

外观为黄色膏状，可作为内加型防雾剂，用于农用薄膜。在聚氯乙烯中添加量为1～1.5份，在聚烯烃中添加量为0.5～1份。

5.山梨糖醇酐单棕榈酸酯

外观为黄色粒状，可作为内加型防雾剂，生效迅速持久，适用于农业薄膜。在聚氯乙烯中添加量为1～1.7份，在聚醋酸乙烯酯薄膜中添加量为0.5～0.7份。

6.山梨糖醇酐单硬脂酸酯

外观为黄色粒状，可作为内加型防雾剂。效能持久，适用于聚氯乙烯和聚烯烃等塑料制品。在PVC中添加量为1.5～1.8份，在聚酯酸乙烯酯中添加量为0.7～1份。

参 考 文 献

[1] 邓字巍，王强，卫洪清. 高分子材料实验与技术[M]. 北京：化学工业出版社，2021.
[2] 窦强. 高分子材料[M]. 北京：科学出版社，2021.
[3] 段久芳. 天然高分子材料与改性[M]. 北京：中国林业出版社，2020.
[4] 高长有. 高分子材料概论[M]. 北京：化学工业出版社，2023.
[5] 贵恒. 高分子材料成型加工原理[M]. 北京：化学工业出版社，2020.
[6] 贺英. 高分子合成与材料成型加工工艺[M]. 北京：科学出版社，2021.
[7] 蹇锡高，张守海. 功能性高分子材料[M]. 北京：科学出版社，2023.
[8] 孔萍. 塑料配混技术[M]. 北京：中国轻工业出版社，2021.
[9] 林爱琴. 包装材料加工与性能测试实验教程[M]. 厦门：厦门大学出版社，2022.
[10] 吕生华. 天然高分子及其功能材料[M]. 西安：西北工业大学出版社，2022.
[11] 马立波. 塑料加工设备[M]. 北京：化学工业出版社，2022.
[12] 马天慧，李兆清，张晓萌. 功能材料制备技术[M]. 哈尔滨：哈尔滨工业大学出版社，2023.
[13] 钱立军，邱勇，王佩璋. 高分子材料助剂[M]. 北京：中国轻工业出版社，2020.
[14] 王慧敏，刁屾，郑耀臣. 高分子材料加工工程实验[M]. 北京：中国石化出版社，2021.
[15] 王慧敏. 高分子材料概论[M]. 北京：中国石化出版社，2010.
[16] 王明环. 聚磷腈功能高分子材料应用研究[M]. 北京：中国原子能出版社，

2023.
[17] 温变英. 高分子材料加工[M]. 北京：中国轻工业出版社，2021.
[18] 张宏坤，宫琛亮，梁亚琴. 高分子材料合成与创新研究[M]. 北京：化学工业出版社，2023.
[19] 张留成，瞿雄伟，丁会利. 高分子材料基础[M]. 北京：化学工业出版社，2012.
[20] 赵明，杨明山. 实用工程塑料配方设计・改性・实例[M]. 北京：化学工业出版社，2021.
[21] 郑玉婴，林卓哲. 高分子材料用助剂[M]. 北京：科学出版社，2022.
[22] 周春晖. 碳酸钙清洁加工和产品链[M]. 北京：化学工业出版社，2021.